教育部人文社会科学重点研究基地
山西大学"科学技术哲学研究中心"基金
山西省优势重点学科基金
资　助

山西大学
科学史理论丛书
魏屹东　主编

A Study of Alexandre Koyré's
Thought on the
Historiography of Science

亚历山大·柯瓦雷的
科学编史学思想研究

范　莉／著

科学出版社
北　京

图书在版编目（CIP）数据

亚历山大·柯瓦雷的科学编史学思想研究 / 范莉著. —北京：科学出版社，2017.7

（科学史理论丛书 / 魏屹东主编）

ISBN 978-7-03-053805-5

Ⅰ.①亚… Ⅱ.①范… Ⅲ.①亚历山大·柯瓦雷（1892-1964）–科学史–史学思想–研究 Ⅳ.①N095.12

中国版本图书馆 CIP 数据核字（2017）第 139050 号

丛书策划：侯俊琳　牛　玲
责任编辑：牛　玲　刘　溪　张翠霞 / 责任校对：王晓茜
责任印制：李　彤 / 封面设计：无极书装
编辑部电话：010-64035853
E-mail:houjunlin@mail. sciencep.com

斜 学 出 版 社 出版
北京东黄城根北街 16 号
邮政编码：100717
http://www.sciencep.com
北京凌奇印刷有限责任公司 印刷
科学出版社发行　各地新华书店经销
*

2017 年 7 月第 一 版　开本：720×1000 B5
2022 年 1 月第四次印刷　印张：11 1/2
字数：204 000
定价：58.00元
（如有印装质量问题，我社负责调换）

丛书序

　　科学史理论即科学编史学，是关于如何写科学史的理论。编史学的语境化是近十几来科学史理论研究的一种新趋向，其根源可以追溯到科学史大师萨顿、柯瓦雷、科恩和迈尔，他们均是科学史界最高奖——萨顿奖得主。

　　科学史学科创始人之一、著名科学史学家萨顿把科学史视为弥合科学文化与人文文化鸿沟的桥梁，强调这是科学人性化的唯一有效途径，极力主张科学人文主义，倡导科学与人文的协调发展。柯瓦雷将科学作为一项理性事业，将社会知识看作科学思想的直接来源，坚持内史与外史的结合，以展示人类不同思想体系的相互碰撞与交叉的复杂性与生动性。科恩作为萨顿的学生、柯瓦雷的《牛顿研究》的合作者，其科学编史思想既体现了他对萨顿、柯瓦雷等科学史学家研究方法的继承与发展，又体现了他独有的综合编目引证法、四判据证据法和语境整合法。他主张运用语境论的编史学方法将科学人物、科学事件与社会和科学史教育相结合，将科学进步、科学革命和科学史相统一。迈尔是国际学术界公认的鸟类学、系统分类学、进化生物学权威，以及综合进化论理论的创立者之一，同时也是卓越的生物学哲学家和生物学史学家。他的科学史研究重心发生的由医学向鸟类学、由鸟类学向进化论、由进化论向生物学史及生物学哲学的转向，体现了他的科学编史学方法上的自然史与生物学史的结合、历史主义与现实主义的结合。《20世纪科学发展态势计量分析》——基于《自然》（*Nature*）和《科学》（*Science*）杂志内容计量分析，直接或者间接地反映和证明了他们的编史学思想和方法。

　　语境论从整体关联的语境出发，以包括人在内的历史事件为概念模型，通过对事件和人物做历史分析和行为分析动态地审视科学的发展史，由此形成的编史原则和方法，我称之为"语境论的科学编史纲领方法论"。这种方法论把内史与外史（自然科学史与社会史）相结合、伟人（人物）与时代精神（社会文化）相结合、现实主义与历史主义相结合，构成了科学编史纲领方法论的核心。

语境论的编史学的方法论核心之一是在科学史的内史与外史之间保持张力。所谓内史是对一个学科的年代进步的主要自包含说明，也即从内部写的历史。它描述一个学科的理论、方法和数据，以及描述通过已接受的、理性的科学方法和逻辑解决被认为清晰可辨的问题是如何进步的。内史通常是由一个学科中知识渊博的但没有受过专门历史训练的科学家写成的。例如，物理学史通常是由物理学家自己写成的，而非历史学家写成的。因此，内史倾向独立于更广阔的智力和社会语境，也倾向为这个领域、其实践和大人物（大科学家）辩护，并使之合法化。它也因此被认为缺乏"历史味"。

比较而言，外史始于这样的假设，即科学不是独立于它的文化的、政治的、经济的、智力的和社会的语境而发展的。因此，外史通常是由一个学科之外的具有科学素养的职业史学家写成的。有些人持中立立场，有些人则质疑基本的学科假设、实践和原则。事实上，许多史学家是从相反的概念方向写起的。的确，在当代的科学史研究中，一个明显的事实是：外史多是由非"科班"的学者写成的。在这个意义上，难怪有人说外史缺乏"科学味"。

语境论的编史学的方法论核心之二是在伟人与时代精神之间保持张力。伟人史强调某特殊人物（科学家），如牛顿、爱因斯坦，对一个学科发展的贡献。诺贝尔科学奖即是对伟人史的一种强化手段。这种历史过分强调个人的作用，忽视了集体的合作性。其实个人有时只起到表面的主导作用，大量的事实可能被掩盖了。伟人史对于思想或观念史是不够的。尽管伟人史可能是一种直接描述的行为，但是它假设的成分更多。比如，它通常假设科学发展的一个"人格主义的"理论或解释。这种理论假定：伟人对于科学进步是必然的，也是科学进步的自由的、独立的主体。这种历史的实质通常是内在主义的，强调个人的理性和创造性，强调个人在促进科学和提升个人职业方面主动的、有意图的成功。

相比而言，时代精神史则强调文化的、政治的、经济的、智力的、社会的和个人的条件在科学发展中的作用。它更是社会语境中的思想史或者观念史，但是它也可能过分综合化。例如，我国科学家屠呦呦获得 2015 年诺贝尔生理学或医学奖被质疑为是集体成果的个体化。按照时代精神史，应该奖励给集体而非个人，但是诺贝尔奖只奖励个人，这就产生了个人与集体之间的冲突、西方时代精神与东方时代精神的对立。又如，所有形式的行为主义的社会控制目标被认为是同一个有凝聚力的实体和方向。与伟人史一样，时代精神史也假设一个解释性理论，即这些条件如何说明科学的发展，这被称为"自然主义理论"。

根据这种观点，伟人对科学进步负责的表现是一种幻想，因为其他人或许对此也有贡献，时代精神也许起更大的作用。与外史一样，时代精神史也具有语境论的精神和气质，比起伟人史更全面、更综合。

编史学的方法论核心之三是在现实主义与历史主义之间保持张力。所谓现实主义历史，就是选择、解释和评价过去的发现、概念的发展、作为科学先知的伟人等，即好像本来就该如此那般的"胜利"传统。它在很大程度上是在当下接受的和流行的观点的语境中写出的令人安慰和感觉舒服的历史。它同时也承担建立传统和吸引拥护者的教育学功能。也就是说，现实主义历史是一部"英雄史"和"赞扬史"。这样一来，科学史对于它的现实意义、对于理性化与合法化实现是重要的，因为科学的进步是不断逼近真理的，直指今日的目的论的"正确"观点。同样重要的是，现实主义历史不仅证明和赞扬"胜利"传统，而且它也中伤被认为是失去的传统。或者说，选择性地解释过去的历史作为现实的确证，使它陷入一种特殊观点，这同样也是现实主义的。比如，20世纪70年代的认知革命被认为是正确的，而它之前的逻辑实证主义和行为主义则被认为是错误的。随着逻辑实证主义的衰落，行为主义也随之衰落，或者说，行为主义的终止被认为是逻辑实证主义方法衰落的证据。

相比之下，历史主义把科学发现、概念变化、历史人物看作是在它们自己时代和地域的语境中被理解的事件，而不是在当下语境中被理解的事件。这就是说，编史学关注的是过去发生事件在它们的时代和地域中的功能或意义，而不是它们在当下实现中解释的意义。这是一种令人瞩目的语境论视角，因为语境论的根隐喻就是"历史事件"。历史主义方法论在囊括材料和历史偶然性过程中有更多消耗且更缺乏选择。它不因与当下潮流不一致而拒绝或者不拒绝先前的工作。它也少有关于什么与实现历史的相关或不相关的假设。在这个意义上，历史主义历史与实现主义历史相对立，因为它与实现主义对一个学科的创立与特点的说明不一致。它认同和修正在学科史中某人物或事件被称为"原始神秘"的东西，而人物和事件是现实主义通常涉及的。科学编史学既需要现实主义，也需要历史主义;既要解释过去，也要说明现在。因为说明过去总是立足于现在，而说明现在要从过去做起。因此，科学史需要在现实主义与历史主义之间保持一种张力。

需要特别说明的是，科学史作为一门严格的学术领域，引起了人们对历史方法论的发展和对科学历史的审查的兴趣。科学编史学者应该审查：预防先前错误的重复发生，那些错误严重影响了一个学科的进步；检查一个学科过去和未来的发展轨迹；使社会－文化基质（语境）成为聚焦点，在这个语境中，实践者操作、促进当下困境的解决。语境论科学编史学强调"语境中的行为"，这对于科学史学家分析科学家的行为有极大帮助，因为说到底，科学史是一代代众多科学家行为的积累产物，对他们的行为进行分析是科学史特别是思想史研究的关键。

总之，就其本意而言，科学史就是研究科学发展的历史，它包括两个方面：一方面是科学自身的发展史，也就是所谓的"内史"；另一方面是科学与社会的互动史，也就是所谓的"外史"或者社会史。内史也好，外史也罢，它们都离不开"历史事件"和其中展开它的人物。也就是说，科学史就其本质来说，是探讨历史上"科学事件"是如何发生和发展的，由谁发生和推动的。因此，研究科学史，"历史事件"和人物（科学家）是两个核心因素，而"历史事件"是语境论的根隐喻，它是一种概念模型。因此，对"历史事件"及其推动它的人物的行为进行分析也就是一种基于概念的历史分析。这种历史分析必然是一种语境分析。这就是为什么一些科学史学家将语境论与科学史研究相结合的根本原因所在。

《科学史理论丛书》选择三位有明显语境论倾向的科学史大师柯瓦雷、科恩和迈尔进行研究，并通过对自然科学中最具权威性的杂志 *Nature* 和 *Science* 做内容计量分析来验证，旨在揭示科学发展中个人行为与集体行为之间的对立统一规律。

魏屹东

2015 年 10 月 9 日

前　言

柯瓦雷是法国科学史家，是科学史界的大师级学者。他开创了思想史中的科学编史学学派。如果说萨顿的"百科全书"式编史学开创了科学史，那么柯瓦雷的科学编史学真正使得科学史学科独立化。柯瓦雷的思想远远超越了他所处的那个时代。他对科学的哲学研究表明了欧洲大陆哲学传统影响下的科学史研究路径，达到对西方科学史发展的哲学思想基础的本真认识，并揭示了后现代主义科学观产生的根本原因。他对近代科学革命的历史研究促使科学哲学发生历史转向，对库恩历史主义的兴起产生了直接影响。他的思想对于科学史、科学哲学、科学社会学以及科学知识社会学的兴起和发展都具有重要意义和深远影响。

科学思想史的意义不仅在于科学思想本身的价值，更在于科学思想对人类思想价值观重塑过程中的作用。科学史研究服务于人类思想价值观的重塑。柯瓦雷的科学编史学崇尚科学理性，通过将科学概念置于哲学、宗教等整体语境中进行分析，找到了近代科学思想的来源，并将这种科学理性用于在非理性社会条件下的精英教育与人类思想的重塑。在第二次世界大战期间，柯瓦雷从弃笔从戎的热血爱国青年成长为执笔从戎的斗士。他热爱自己的祖国，他从拿起手中的枪，到拿起手中的笔，他要拯救的不仅是人的生命，还包括人的理性和灵魂。只有从重塑人的思想出发，才能实现真正意义上的发展，真正意义上的进步。

柯瓦雷是名副其实的"大师"和博学的奇才。柯瓦雷出生于俄国，青年时期在德国哥廷根大学求学，后在巴黎高等研究实践学院任教，晚年还任普林斯顿高等研究院教授，此外他还是芝加哥大学、约翰－霍普金斯大学、威斯康星大学等的客座教授。大学求学期间，他并不局限于理论的学习。在参加了大数学家希尔伯特（D. Hilbert）的数学理论课程的学习后，他又积极投身心理学问题的实践研究。他不仅通晓俄语、英语、意大利语、德语，还精通古典希腊文和拉丁文。在他的学术生涯中，他的思想史研究并不局限于科学史，而是跨越宗教思想史、哲学思想史和科学思想史而高屋建瓴。他的研究由最初的宗教思想史，随后转向哲学思想史，最后立足于科学思想史。他的贡献不只限于科学内史，还在于哲学、宗教等领域。他既是一位科技史家，也是一位哲学家。他是法国现象学的第一批引入者，他对第二次世界大战后美国科学史界的影响最为巨大。他所描绘的科学史的雄伟画卷，极其有思想魅力，吸引了一大批富有才华的学子转向科学史研究并将之视为毕生的事业。著名的科学史家如吉利斯皮（C. Gillispie）、威斯特福尔（R. Westfall）等，都将柯瓦雷视为他们的思想导师。美国哈佛大学科学史教授科恩也曾在其著作中提到，特别感谢巴黎高等研究实践学院和普林斯顿高等研究院的柯瓦雷对他思想的启发。

　　本书的主要思路如下：首先，在全面而系统地收集柯瓦雷的相关资料基础上，对这些文献进行了整理；其次，以柯瓦雷的代表性思想——科学编史学为核心，从史学理论、哲学理论、系统论与方法论层面对这一核心做深刻剖析，并从实证角度进行充分论证。从史学层面，阐述这一重要思想的思想来源、形成与发展过程；从哲学层面，阐明了柯瓦雷科学编史学中的科学观、史学观、科学编史学纲领；从系统论层面，阐释柯瓦雷科学编史学是由哲学、历史、宗教多个维度建构的理论体系；从方法论层面，论证了柯瓦雷概念分析法、语境分析法、"思想实验"移植法在科学编史学研究中的应用；从实证层面，一方面，对柯瓦雷科学编史学中代表性的概念分析法作了案例研究，另一方面，运用计量分析法进行定量分析，表明他在科学编史学领域所产生的广泛而深刻的影响，并进一步做原因分析。这一研究的意义在于，提出整体上把握柯瓦雷科学编史学思想的一个新视角，揭示了柯瓦雷科学编史学思想的当代走向，在一定程度上弥补当代柯瓦雷科学思想史研究的缺失环节。

　　本书尝试运用跨学科的方法，以语境分析法为主，利用并借鉴相关学科的研究成果。与此相应，其具体的研究方法也以系统方法、史学叙述法、文献法、考据法为主，借鉴其他学科的研究方法，如计量统计法、图表法、案例研究法等。尽量做到各种方法相互补充，不相抵触。

　　研究柯瓦雷有很大的难度。首先，他是俄裔法国人，国内相关英语的资料不多，而法语的资料更是寥寥无几，要全面而系统地收集关于他的资料比较难；其次，他的论文以法语为主，只有一小部分的英语论著，这就要求需要掌握法语和英语两门语言；最后，柯瓦雷这位大家的思想非常复杂，深入挖掘他的思想与方法要涉及科学、哲学、神学等诸多领域。这都给研究带来了极大的困难。

本书的创新点在于以下四点。

第一，挖掘柯瓦雷科学编史学的思想理论与方法。柯瓦雷科学编史学的理论与方法至今仍占据一席之地。国内外还未曾有人对他的科学编史学的思想理论的来源、形成与发展过程、结构体系做一全面的研究，而这正是柯瓦雷思想的精华之所在。他将实在世界数学化的思想对于未来科学哲学与科学史的走向具有重要的指导意义；他将科学作为一项理性事业的科学观，被视为社会知识论的直接思想来源；而他所坚持的内史主义，对库恩历史主义的兴起产生了重要影响。

第二，研究柯瓦雷科学编史学的方法论，特别是概念的语境分析法，是柯瓦雷在科学史研究中从科学与哲学高度、从逻辑与历史角度、从科学与人文维度进行思想统一的具体体现。语境建构是未来科学哲学发展的一个很好的方向，而这种方法在柯瓦雷科学史研究中的深入分析，在国内尚属首次。

第三，提出"柯瓦雷效应"的概念。柯瓦雷效应这一概念的提出，为我们从定性与定量相结合的角度研究柯瓦雷在科学史界的地位与影响提供了指标。对柯瓦雷效应的研究，暴露了当前对柯瓦雷科学编史学思想的不足。事实上，国内外学者们对他在科学哲学领域、自然科学与人文科学领域的影响关注很少，有的甚至没有意识到。

第四，完整地收集和总结柯瓦雷的资料。关于柯瓦雷的国内外参考文献，以国外为主，国内不多。柯瓦雷的论著以法语居多，也有小部分英语论著，他还曾以德语、俄语等发表过一些文章。他的相关资料除正式发表的文献外，其他多来自胡塞尔、美国知名学者、他的学生的评述。由于他的学生遍及欧美，对于其资料的收集很困难。尽管如此，笔者仍较为完整地搜集和总结了这些资料。

本书除引论外共分为六章，这六章形成一个有机联系的整体。

引论部分简要地阐明柯瓦雷科学编史学思想的当代地位、研究现状和研究视域，表明对柯瓦雷科学编史学思想进行研究的必要性。

第一章阐述柯瓦雷科学编史学形成的思想渊源。从柯瓦雷在德国著名学府哥廷根大学的教育背景、受欧洲大陆理性思想的熏陶以及美国分析哲学感染的文化传统背景、参加两次世界大战的社会背景、作为犹太人受到法西斯政府迫害的政治背景等多个领域，全面考察柯瓦雷科学编史学思想的形成与发展过程。

第二章阐释柯瓦雷的理想主义科学观。在从历史角度深入挖掘理想主义科学观内涵的基础上，凸显出柯瓦雷理想主义科学观的主要特征：科学是一项理性事业；理念世界是实在世界的数学化。库恩历史主义科学观是对柯瓦雷理想主义科学观的传承，但两种科学观之间仍然存在理念与实践、理性与非理性、价值有涉与价值无涉之间的张力。两种科学观之间相辅相成，但又保持必要的张力。正是这些张力，导致后现代主义科学观的形成。

第三章论述柯瓦雷科学编史学的多维建构。柯瓦雷主要从哲学、历史与宗教三个维度共同建构科学编史学的结构体系。柯瓦雷科学编史学的哲学建构主要是基于胡塞尔的现象学的，因为柯瓦雷的科学编史学与胡塞尔的现象学在研究的首要原则、研究目标、研究方法上都存在一致性。柯瓦雷科学编史学的历史建构表现为应用历史实证主义的方法建构科学革命的概念，而科学革命是历史建构科学思想的契机。柯瓦雷科学编史学的宗教建构不同于以往宗教与科学的"冲突论"观点，他肯定了宗教对科学的促进作用，强调以宗教与哲学共同建构科学史。

第四章讨论柯瓦雷的科学史观。通过对科学革命的概念分析，揭示柯瓦雷科学革命思想的历史发展、历史背景、思想来源及其给予当代的启迪意义。在此基础上，我们挖掘柯瓦雷的科学史观。通过柯瓦雷与李约瑟科学史观的比较，揭示柯瓦雷科学史观的进步性与局限性。柯瓦雷的科学史观对于我们今天的科学史研究仍然具有重要的启迪意义。

第五章探讨柯瓦雷科学编史学的方法论体系。他的方法论体系包括概念分析法、语境分析法、"思想实验"移植法。这些方法在科学史研究中的应用，使科学史研究真正富有意义。对于其代表性的概念分析法，给出了"运动"概念分析的案例研究。

第六章论证柯瓦雷在科学编史学领域的影响。通过柯瓦雷效应这一概念，考察柯瓦雷效应的形成、发展与兴盛过程；运用计量分析法对柯瓦雷相关文献数据的研究，从定性认识与定量分析相结合的角度，分析柯瓦雷效应的整体趋势；在此基础上，进一步剖析柯瓦雷效应的成因：胡塞尔现象学渊源、柯瓦雷思想中的哲学与建构成分、意大利的科学体制改革与思想认同。

结束语部分是对本书的一个总结与鸟瞰，特别说明柯瓦雷科学编史学研究对科学史研究以及重塑科学技术时代的人文精神的有益启迪。

范　莉

2017 年 5 月

目　录

绪 论

一、柯瓦雷科学编史学思想的当代地位

科学是人类文明的主要组成部分。科学的历史体现了人类思想的历程。在对科学与迷信、愚昧、伪科学不断斗争的历史的研究中，科学史构架起自然科学与人文科学的桥梁，它同时也是科学哲学、科学社会学发展的基石。科学史的真正发展是 19 世纪中叶的事情，而中国科学史的发展比欧美国家晚很多。自 20 世纪 50 年代科学史职业化以后的 40 多年，中国学者对中国古代科技史的研究已赢得了国内学术界与国际同行们的尊敬，然而，对国外科技史的研究较少，掌握多门语言的学者甚少，研究停留在经验层面，理论研究不足，这就难以揭示自然科学发展的本质和规律。在"三思文库·科学史经典系列"的总序中，刘兵教授感言："在科学哲学和科学社会学中，已有大量的经典作品被译介，极大地推进了这些学科在国内的发展。与之相比，在科学史方面，不要说经典，就连一般性的著作，被译介的也寥寥无几，这不能不说是非常令人遗憾的。"而一门学科特别是人文学科的范式，通常体现在它的经典著作中。在对科学哲学大家的引进方面，科学哲学家的介绍很多，而科学史家几乎没有。对科学史的理论研究，显得更加苍白。就科学编史学而言，对柯瓦雷科学史思想的系统化研究几近空白。

自 20 世纪 40 年代柯瓦雷的《伽利略研究》发表以来，他的科学编史学思想就一直颇受关注。而在 21 世纪初，对柯瓦雷的研究又再次升温。与国外相比，国内对柯瓦雷论著的研究很少，国内对柯瓦雷论著研究的开始时间落后了近半个世纪。20 世纪 90 年代以来，国内陆续出现了柯瓦雷的译作。这说明国内学者

已经敏锐地发现对柯瓦雷研究的不足，开始重视对柯瓦雷的研究。但是，对柯瓦雷思想的研究只有零星的几篇论文。国内对柯瓦雷思想的研究表现出时间短、视野窄的特点，这就为我们提供了巨大的研究空间。要追踪国际前沿，与国际同行展开对话，我们还有很艰巨的任务需要完成。

柯瓦雷是内史大师，这已是国内外的定论。但是，柯瓦雷的影响在科学哲学方面的显现大大超出了科学史方面，人们对他的科学哲学方面的关注也大大超出了科学史的方面；他在科学哲学和自然科学（天文、物理、化学、生物等）、社会科学（社会认识论、社会科学和医学等）、认知科学（大脑和认知、心理学等）、宗教和文学等诸多领域的影响力与科学史方面的影响力相差无几，这大大出乎我们的意料。这说明我们对柯瓦雷的研究还不完整，也为我们提供了研究的机遇。

研究柯瓦雷具有重大的学术价值，这一点已得到国内不少知名学者的认可。邢润川教授就是其中之一，他多次提出在国内从事柯瓦雷研究的重要性。魏屹东教授是柯瓦雷研究的大力倡导者。袁江洋、刘兵、吴国盛等教授也曾明确表示过国内在柯瓦雷研究方面的严重不足。在汉译本的《伽利略研究》中，刘兵教授在序中写道，"由于本书大量援引历史文献，分析、见解深刻，对于科学史、思想史研究者有极大的参考价值"。在理论上，这项研究为科学史提供了基本内容和方法，有利于科学史学科范式的形成；在实践上，这项研究为实施我国当前的"科教兴国"战略提供了良好保障，为实现"科学发展观"提供了坚实基础。

二、柯瓦雷科学编史学的研究现状

相关文献综述从国内与国外、专门研究与引证研究角度定性地介绍研究柯瓦雷的现状。国外对柯瓦雷的研究很多，形式也多样，如纪念性、考证式、宣扬式、批判式、参考书录等，主题包括科学史思想、哲学思想、宗教思想等诸多方面。然而，也存在诸多不足：在理论上，没有详细地阐明柯瓦雷的理想主义科学观，没有系统地从哲学维度、历史维度、宗教维度研究其思想的建构过程；从方法上，对柯瓦雷的语境分析法缺乏深入的研究，而这正是代表性的概念分析法的实质。国内对柯瓦雷论著的翻译较多，提出了他的科学史观，而更多的是引证研究，涉及其生平、主要贡献、概念分析法、获奖等诸多方面，缺乏系统化的理论研究。

（一）国内研究柯瓦雷的现状

国内对柯瓦雷的研究出现在 20 世纪末期和 21 世纪新。主要有三个方面。

（1）对柯瓦雷论著的翻译。21 世纪初，"三思文库·科学史经典系列"之一的《伽利略研究》是最早翻译柯瓦雷的一本科学史名著，另外还有北京大学科技哲学丛书第一辑中的两本：《牛顿研究》和《从封闭世界到无限宇宙》；论文有 2 篇，孙永平翻译的《我的研究方向与规划》[①]与郝刘祥的《伽利略与柏拉图》。

（2）对柯瓦雷科学思想和科学史观的初步研究，论述了柯瓦雷的《伽利略研究》重"内史"、轻"外史"的倾向，阐述了柯瓦雷"人类思想统一性"的原则，提出了柯瓦雷的科学史观。

（3）对柯瓦雷论著的部分引用和评论，涉及其生平、主要贡献、科学史建制、获奖等情况。总体而言，国内对柯瓦雷的专门研究很少，引证研究也不多。这些研究没有明确总结出柯瓦雷的科学观、科学哲学观、科学编史方法论，对科学观的引证只反映出柯瓦雷对科学进步方面的认识，而对他研究的科学革命、科学的真正起源并没有给出真正的解释；对柯瓦雷科学编史学思想中科学哲学观的引证，谈到近代科学革命中近代物理学产生的"非连续"维度，近代自然科学的"创造"维度与开启现代科学的"历史"维度，提出了人类思想的"统一性"原则；国内学者对其科学编史方法论的引证不全面，对于他的"思想实验"移植法、语境分析法等很少关注，甚至于没有；在对柯瓦雷论著影响方面的引证，几乎完全忽略了他在自然科学、社会科学、宗教和文学等方面的影响；对他的评价的引证，主要肯定其内史方面的奠基作用，而忽略了他的科学哲学思想在学界的重要影响。

1. 对柯瓦雷论著的翻译

2002 年 10 月，李艳平、张昌芳、李萍萍翻译了柯瓦雷的《伽利略研究》，由江西教育出版社出版，该书是"三思文库·科学史经典系列"之一；2003 年 1 月，张卜天翻译的《牛顿研究》，由北京大学出版社出版；同年，由邬波涛和张华翻译的《从封闭世界到无限宇宙》，由北京大学出版社出版。后两本是北京大学科技哲学丛书的第一辑中的书目。该辑共有五本，其中两本都是翻译柯瓦雷的著作，足见柯瓦雷著作的重要性。柯瓦雷于 1939 年出版的《伽利略研究》是他的代表作，这是一本标志科学史进入一个新时期的开山之作。《伽利略研究》

---

① 柯瓦雷. 我的研究方向与规划. 孙永平译. 自然辩证法研究，1991, 7(12): 63-65.

由3篇独立又相互联系的论文组成，其中前两篇论文在1935～1937年分别在法国发表，第三篇在成书时首次发表。第一篇是近代科学的黎明，第二篇是落体定律，第三篇是伽利略和惯性定律。

2. 对柯瓦雷思想的初步研究

国内对柯瓦雷的研究起步很晚，直到20世纪末期才开始有论文发表。至今国内关于柯瓦雷的参考文献也不多。这些文献研究了柯瓦雷的科学史观、柯瓦雷对伽利略斜面实验的解释、柯瓦雷的"人类思想统一性"原则、柯瓦雷重"内史"轻"外史"的倾向、胡塞尔对柯瓦雷的影响等。

1）柯瓦雷的科学史观

2005年，长江大学政法学院的蔡贤浩在《长江大学学报（社科版）》发表的《试论柯瓦雷的科学史观》一文中指出：柯瓦雷的科学史观揭示了人类思想的统一性，这成为当时科学史研究的主导传统。他的科学史观主要体现在三个方面：科学的发展依赖于思想观念的革命和知识观念的更新，科学的发展与哲学尤其是科学认识思潮有着密切的关系，科学史的目的就在于揭示科学之进步。

2）论柯瓦雷对伽利略斜面实验的解释

孙永平的学生、北京大学2002届哲学硕士生张华的毕业论文论证了柯瓦雷对伽利略斜面实验解释的有效性。这基于托马斯·塞特（Thomas Settle）于1961年在《科学史的实验》一文中质疑柯瓦雷认为伽利略没有做过斜面实验的观点。[①]

3）柯瓦雷"人类思想统一性"原则

2003年，中国科学院自然科学史研究所的袁江洋在《中华读书报》上发表《柯瓦雷透视历史的窗口：人类思想的统一》一文，提出柯瓦雷关于"人类思想统一性"的科学思想观。[②]对柯瓦雷的历史地位、科学观、科学史观、科学方法论、科学思想等诸多方面均有提及。另外，还有对柯瓦雷科学史思想的评价，

---

① 张华. 论柯瓦雷对伽利略斜面实验的解释. 北京：北京大学硕士学位论文，2002.

这一观点得到了德雷克（Stillman Drake）的赞同，德雷克于1971年在第七届国际科学史大会上也对伽利略重新做了解释。张华认为，柯瓦雷和德雷克对伽利略解释不同。张华指出，德雷克等对柯瓦雷的质疑在历史事实层面上是有效的，但是德雷克等并没有从解释层面上对柯瓦雷构成真正的挑战。德雷克注重的是历史事实层面，即伽利略实际上做了什么；而在柯瓦雷那里，重要的恰恰不是伽利略实际上做了什么，而是他应该做什么。柯瓦雷利用概念分析的手段，逐步地揭示了要使伽利略数学物理学得以成立，伽利略必须具有柏拉图主义的思想观念，也就是说伽利略是个柏拉图主义者。由此可见，柯瓦雷和德雷克的研究属于两种不同的范式，本质上它们是不可通约的。

② 袁江洋. Koyrè透视历史的窗口：人类思想的统一. http://wenku.baidu.com/link?url=SVVMVH8Ql DIu2hVKDtoBYs6l0CnQvFnFHJJ9yexmYVVKQqhz47qIr7aK7LOf8nN0qGOJAlLqAnTYTX5VgsGCPF5kV3-r-eqNM8TaqxG1CAD3[2012-02-28].

并分析了近年来对柯瓦雷科学史思想进行重新解释的原因。

4）柯瓦雷重"内史"轻"外史"的倾向

1999 年，刘晓峰的《试析伽利略运用数学工具研究自然的原因：对柯瓦雷〈伽利略研究〉的一点评论》[①]一文指出：柯瓦雷的《伽利略研究》过分强调内史，而忽略了社会因素对科学思想的影响。柯瓦雷认为，伽利略解构亚里士多德天文学体系和构造近代物理学的基础都是以自然的数学化为前提的。如果没有伽利略将数学"引入"自然研究这一前提，解构和构造就都失去了基础。伽利略在研究"月下区"的物理运动时，他自觉地运用了数学工具，对于为什么他可以 自觉地运用数学工具分析物理运动，刘晓峰的文章从内因和外因两个方面进行了分析，并指出自然数学化的方法是 16～17 世纪这一特殊历史时期的时代精神的产物。柯瓦雷忽视了这一点，忽略了社会因素对科学思想的影响，从而导致他过分强调内史研究，没有认识到实用科学的兴起使得伽利略使用的数学与柏拉图倡导的数学有着重要区别。

5）胡塞尔对柯瓦雷的影响

山郁林的《简论胡塞尔对柯瓦雷科学史编史的影响—以〈牛顿综合〉为例》一文指出，柯瓦雷的编史学纲领具有重要的现象学成分，在某种程度上是对胡塞尔思想的传承，也是柯瓦雷的思想能产生重要而深远影响的真正原因之所在。"科学进步源于思想体系更替与世界图像的变化，这一看法实际上得益于胡塞尔将欧洲看成是精神和观念的整体的思想。"[②]

3. 对柯瓦雷的引证研究

国内的引证研究涉及柯瓦雷的生平和他的科学观、科学史观、科学哲学观、科学方法论和科学史的建制，但只是提及，并没有专门提出明确的论点，也没有论证。其中，魏屹东的《爱西斯与科学史》一书对柯瓦雷的生平、其概念分析方法的意义和地位、内史观和其获得的终身成就奖——萨顿奖，做了较为全面的介绍。

1）生平

柯瓦雷生于俄罗斯，1929 年在法国获得博士学位，之后在法国从事教学研

---

① 刘晓峰. 试析伽利略运用数学工具研究自然的原因：对 Koyrè《伽利略研究》的一点评论. 自然辩证法研究，1999,15(4)：4-8.
② 山郁林. 简论胡塞尔对柯瓦雷科学史编史的影响——以《牛顿综合》为例. 科学·经济·社会，2006,24(1)：77-80.

究。早期以哲学思想史研究为主，1932 年起开始研究科学史。1939 年出版《伽利略研究》（*Etudes Galileennes*），从此奠定他在科学史研究中的地位。1955 年他就职于普林斯顿高等研究院（Institute for Advanced Study, Princeton），直到 1964 年去世。他的论著以法文为主，在生命的最后十年，他往来于巴黎和普林斯顿之间，期间也出版了不少英文论著，如《从封闭世界到无限宇宙》（*From the Closed World to the Infinite Universe*）、《牛顿研究》（*Newtonian Studies*）、《形而上学和测量》（*Metaphysics and Measurement*）等。

2）科学思想及其来源

柯瓦雷于 1939 年出版的《伽利略研究》一书，是科学思想史学派的开山之作，也是科学哲学中历史主义的真正策源地。柯瓦雷认为，伽利略得出科学思想的方法不是事实归纳，而是对概念的重新解读与澄清。柯瓦雷曾是胡塞尔与柏格森的学生，他也研究过胡塞尔、海德格尔、柏格森的哲学思想。胡塞尔于 1936 年发表的《欧洲科学的危机和超验现象学》以及海德格尔 1935～1936 年在弗莱堡大学的讲演《物的追问》中关于近代科学起源的有关思想是柯瓦雷的哲学史研究的重要组成部分。在科学思想方面，有些作者提及了柯瓦雷的科学观、科学史观、科学哲学观、科学编史学方法论、科学史建制等方面，还评价了柯瓦雷在科学史界的地位与影响，但对此并没有深入论证。

从科学观来看，柯瓦雷认为，科学应该崇尚理性，科学本身在于"揭示科学之进步"[①]。但是对于他所研究的科学革命、科学的真正起源，柯瓦雷并没有给出根本的解释。

从科学史观来看，柯瓦雷提出，"科学革命史被认为是一部关于人类理智进步的最绚丽的史诗；他本人以及第一代职业科学史家中许多追随他的学者均参与了这部理性史诗的重建"。[②] 对于内外史关系，柯瓦雷认为，内史与外史是源与流的关系；对于方法，强调伽利略得出落体定律用的是逻辑而非实验法；对于非理性的态度，柯瓦雷对牛顿的炼金术不予考虑。对于科学史观的引证，涉及的方面有内史和外史之间的关系，科学的"理性"特征，如何从科学进步的角度看待牛顿，从科学革命的角度看待牛顿伽利略得出落体定律的方法。但是这些只是一些涉及，并没有作为一种明确的概念提出，更没有进行论证。首先，他认为内史为"源"，外史为"流"。柯瓦雷主张，科学史首先研究科学知识的

---

① 蔡贤浩. 试论柯瓦雷的科学史观. 长江大学学报（社会科学版），2005, 28(2): 71-73.

② 袁江洋. 柯瓦雷透视历史的窗口人类思想的统一. http:// wenku. baidu.com/link?url= SVVMVH8Ql DIu2hVKDtoBYs6l0CnQvFnFHJJ9yexmYVKQqhz47qIr7aK7LOf8nN0qGOJAlLqAnTYTX5VgsGCPF5kV3-r-eqNM8TaqxG1CAD3[2012-02-28].

发展史，研究科学概念及理论产生的内部因素与内在发展机制，对于科学思想产生的社会根源及科学与社会的相互影响，应该作为次要因素，甚至可以不予考虑。内史与外史之间是"源"与"流"的关系。

其次，他认为，没必要研究牛顿的炼金术思想，也就是说，他将牛顿"非炼金术士化"，柯瓦雷派学者大多倾向于将牛顿"非炼金术士化"。霍尔（A. R. Hall）认为，"牛顿所从事的是具有炼金术形式的化学研究，因为当时化学尚没有独立的术语或语言；而且，即便牛顿做过炼金术，皇家学会也没有公布他的炼金术研究成果，这表明他的这些炼金术活动是私人性质的工作，与科学的整体进步无关。"[①]埃如姆·伯纳德·科恩（Ierome Bernard Cohen, 1914—2003，以下简称科恩）也强调将牛顿"非炼金术士化"。他提醒人们，如果不是因为牛顿撰写《自然哲学的数学原理》，人们也不会关注那些炼金术及神学手稿。柯瓦雷本人认为，牛顿的炼金术并没有对其科学研究产生重要影响，因而，不必研究此问题。不少学者对此也有异议。炼金术等研究对牛顿科学思想的形成具有影响，因而应该给予牛顿在炼金术等方面的研究。只有这样，才能对牛顿科学做出全面解释。多布斯（B. J. T. Dobbs）、拉坦西（P. M. Rattansi）、狄布斯（A. G. Debus）等在此方向做了诸多努力，他们认为，当时流行的神秘主义思潮曾经对牛顿产生过重要影响。最后，伽利略得出落体定律并将其提升至普遍物理定律的地位，使用的是逻辑方法。对于伽利略得出落体定律的过程，由于伽利略在1638年的《关于两门新科学的对话》中提出匀加速运动定律时，没有给出具体过程的说明，缺乏文献证据，因此引发了众多的争议。有人认为，一群年轻的哲学家在比萨斜塔验证亚里士多德的落体实验时，得到了满意的结果，将这一结果通知给伽利略，从而得出落体定律。柯瓦雷认为，伽利略不曾登上比萨斜塔进行落体实验，伽利略的落体定律是由"思想实验"方法得出的。柯瓦雷派的科学思想史家认定，"伽利略得出落体定律并将其提升至普遍物理定律的地位，用的是逻辑的方法，他将经院哲学的思想实验发展到新的阶段并得出落体定律。如果说伽利略用到了经验资料，那么这些经验资料也是他的中世纪物理学前辈早已拥有的资料，他本人不曾做过新的落体实验，更不曾基于新实验确定物理定律"[②]。

从科学哲学观来看，柯瓦雷认为，16~17世纪的科学革命是近代科学产生的根源。之所以称16~17世纪的科学进步为一场革命，是因为这一时期的科学进步使人们意识到，人们可以控制自然，而不只是停留在对自然的深思之上。

---

① 伊萨克·牛顿：神学家？科学家？炼金术士？　http://www.gmw.cn/01ds/2000-04/26/GB/2000^297^0^DS2409.htm[2000-04-26].

② 伽利略：历史的真相与大众的记忆. 中华读书报，2000-03-29.

人类思想上发生了重大变革，革命的特征就是"cosmos"的崩溃与空间几何化。[①]作为一个完美、有限、有序、存在等级结构的整体的宇宙概念，代之以一个不确定的或无限的宇宙概念。近代科学发生的要义不是别的，而是天才的创造。这与"自然主义的科学发生观"迥然异趣。以概念的架构、数学的文本来"悬拟"和"映射"自然世界，它通过重塑理智本身，创造了一种全新的认知者与认知对象的关系，用对库恩发生过深刻影响的科学史巨子柯瓦雷的话来说，近代自然科学之认识世界，是"以一个不自然的方式取代了以往自然的方式"。[②]

　　科学史家柯瓦雷还坚信人类思想的统一性原则。国内研究谈到了近代科学革命中近代物理学产生的"非连续"维度，认识近代自然科学的"创造"维度，开启现代科学的"历史"维度，以及人类思想的"统一性"。但是，国内的研究并没有明确提出柯瓦雷的科学哲学观，也没有从科学哲学的角度展开论证。他提出"天球（cosmos）"的打碎和空间的几何化。柯瓦雷在其《从封闭世界到无限宇宙》中指出："我已经在我的《伽利略研究》中致力于确定新旧世界观的结构模式，以及确定由 17 世纪科学革命所带来的变化。在我看来，它们可以归结于两个基本而又密切相连的活动。我把它们表述为天球的打碎和空间的几何化，也就是说，将一个有限、有序整体，其中空间结构体现着完美与价值之等级的世界概念，代之以一个不确定的或无限的宇宙概念。这个宇宙不再由天然的从属关系连接，而仅由其基本组分和定律的同一性连接；也就是说，将亚里士多德的空间概念——可以和物体分离的一系列处所，代之以欧几里得几何的空间概念——一个本质上无限且均匀的广延，而今它被等同于世界的实际空间。"[③]吴国盛教授认为，柯瓦雷这段话精辟地勾画了近代科学革命中宇宙论和世界观变革的主要特征，但是，天球的崩溃与空间的几何化都经历了一个错综复杂的进程。近代物理学的产生是一场从无到有的革命，绝非积累或发展的结果，从连续性的观点，没有什么可以被视为它的先行者，所以柯瓦雷说："现代和中世纪

---

① cosmos 是指和谐、有序的宇宙整体。柯瓦雷认为，历史上，cosmos 这一概念只与地球中心论的世界观联系在一起，也可以与之完全分离开来。例如，哥白尼认为，宇宙是球形的，一方面是由于它没有任何结点，是最完美的形状，另一方面由于与立方体等相比，其可容纳空间最大，事实上，人们所崇拜的神圣的太阳、月亮等都呈球形。

② 陈克艰. 上海社会科学院历史研究. http://cul.sina.com.cn/p/2005-03-31/118492. html[2005-03-31].

③ 对于宇宙观，中国古代的宇宙观主要有三种：第一种是周初时的盖天说，这种学说认为地是平坦的，天如伞一样覆盖大地；第二种是战国时的浑天说，该学说认为天地有蛋形结构，地在中心，天在地周围；第三种是战国时的宣夜说，宣夜说认为天无限而空虚，星辰悬浮空虚之中。自古希腊，地球一直被看作宇宙的中心，直到后来哥白尼的天文学革命，创了日心说，后来 17 世纪牛顿创立的经典宇宙学，认为宇宙是无限的。随着爱因斯坦广义相对论的建立，以及宇宙学原理、弯曲时空等概念的引进，从而开创了爱因斯坦的有限无界静宇宙的现代宇宙学的时代。1932 年，勒梅特提出"原始原子"爆炸形成宇宙的概念，在此基础上，1948 年，美国天文学家伽莫夫发展勒梅特思想，建立了大爆炸宇宙论的基本概念。

物理学之间表面上的连续性是一种幻想。"①

柯瓦雷还提出了创造性的科学发生观。柯瓦雷认为，科学的发生不仅是事实的发现，科学数学化在科学理论形成过程中的创造性作用更为重要。通过数学化的语言，可以在最大程度上保证科学的客观性与理性。科学史研究的意义不只是对人或事物的叙事，还在于挖掘科学思想的价值，而科学思想的价值不仅在于科学理论中，而且还在于科学思想创造性的活动中，这才是科学史研究的真正意义之所在。此外，思想史学派催生了科学哲学中的历史学派。柯瓦雷早在 1939 年的《伽利略研究》中，通过对 16～17 世纪的科学研究最先指出，导致伽利略新物理学与新天文学诞生的，是他通过对空间、运动、时间等重新解读而形成的新观念。② 由于第二次世界大战中德国对法国的入侵，柯瓦雷这一思想的传播受到拖延。第二次世界大战结束之后，随着柯瓦雷科学思想的广泛传播，人们开始重新看待科学思想创造性活动真实的发展历史，而不再只限于事实的考证。这对实证主义的科学发展观构成了越来越严重的挑战。观察渗透理论命题打破了观察向理论单向过渡的科学发展模式。特别是深受柯瓦雷思想影响的库恩，其"范式"理论与科学革命的概念使科学线性进步的普遍主义走向终结。自库恩之后，历史的维度进入了科学。

柯瓦雷尤其坚信人类思想统一性原则。思想统一的信念必然要求科学理性与非理性的、社会的、文化的历史因素的结合。萨顿毕生倡导与实践的新人文主义，实际上是科学与人文的双重复兴。"从我的研究伊始，我便为人类思想，尤其是最高形式的人类思想的统一性信念所激励。在我看来，将哲学思想与宗教思想分离成相互隔绝的部分似乎是不可能的，前者总是渗透着后者，或是为了借鉴，或是为了对抗。"③

从科学编史学方法论来看，概念分析方法是柯瓦雷科学思想史学派的代表。柯瓦雷创造性地将逻辑实证主义的逻辑分析方法与科学史研究相结合，创立了一种逻辑与历史相统一的分析方法，该方法注重对科学概念与理论的产生、演

① 吴国盛. 科学前沿与哲学. 北京: 中共中央党校出版社，1993.
② 关于近代科学兴起的心理社会学解释，柯瓦雷认为，这是两种毫不等价理论的糅合，一种理论认为，近代科学是 16～17 世纪技术发展的衍生物，主要由工程师、技术专家、民间能工巧匠等创造的，他还特别提到列奥那多·达·芬奇。另一种理论认为，近代科学随着工艺学日益精密，科学家们开始致力于研究被阿基米德所忽略的问题来满足资本主义发展的需求而产生的。柯瓦雷认为，这两种理论的不足之处在于：一是忽视纯数学理论在希腊科学再发现过程中所起的重要作用；二是没有认识到天文学研究的基础性地位及其发展的特殊性受宇宙结构的纯理论研究的制约，而与实用性需求联系不大；三是他们没有意识到，数学家和天文学家（更不用说实验物理学家）同神学家一样，他们更需要钱，因而可能有意强调其研究的实用性，将科学研究成果卖给富有而无知的赞助人。
③ 柯瓦雷. 科学思想史研究方向与规划. 孙永平译. 自然辩证法研究，1991,12: 63-65.

变与发展作深刻的逻辑与历史分析，堪称内史方法的典范；他的科学史观与方法论对内史研究传统的形成产生了重大影响。国内对柯瓦雷科学史方法论的认识，主要是概念分析方法和内史方面，没有明确提出柯瓦雷科学史方法论的概念，对于他的"思想实验"移植法、语境法等很少关注，甚至没有提及。

概念分析方法在科学史研究中的使用，大体到 20 世纪初才出现。从 20 世纪 30 年代起，柯瓦雷在其代表作《伽利略研究》中开创了"观念论"的科学史内史研究传统，充分显示了其概念分析方法的魅力，为内史研究传统的形成、发展奠定了基础。巴特菲尔德（H. Butterfield）在 1949 年的《近代科学的起源》一书中对这一方法也有进一步的应用。此后的库恩、拉卡托斯和霍尔顿（G. Holton）等受柯瓦雷概念分析方法的影响，也分别提出了内部分析方法、内因分析方法和基旨分析方法。这些方法共同主张研究原始文献——主要不是为了发现其中有多少成就，而是为了研究这些文献的作者当时究竟是怎么想的，重视的是思想概念的发展和演变。国内对思想史学派的概念分析方法的应用非常有限，成果也不多，因而在国内科学史界影响很小，甚至发生了偏离。江晓原教授认为，"至于国内近年亦有标举为'科学思想史'的著作，则属于另外一种路数——国内似乎通常将'科学思想史'理解为科学史下面的一个分支，而不是一种指导科学史研究的方法"[④]。

语境分析方法是一种具有广泛应用性的方法。语境的特征决定了它具有方法论的横断性和普遍适用性。20 世纪 40 年代，心理学和教育学中就开始研究语境及其功能；语言学研究语境在交往中的作用。90 年代以来，语言哲学、科学哲学、比较科学史学、科学社会学及知识社会学中也纷纷使用语境概念，使语境及其分析方法得到了广泛应用。第一，在语言哲学和科学哲学中，弗雷格最早把语境作为一大原则，即决不孤立地询问一个词的意义，而只在一个命题的语境中询问词的意义，以此克服语言学中单纯的语形、语义、语用分析的缺陷。也就是说，一个词的意义必须在其特定的语境中（上下文的关联中）才能理解，如对一个人存在价值与意义的评价，必须联系其所处的社会文化环境以及与周围和事件的关联。第二，在比较科学史中，西方越来越多的科学史家，特别是具有历史学而非科学背景的科学史家，正在努力尝试着把科学的思想、实践和变革放到与其同时出现的其他思想及其与社会、政治、文化变革的关联中去研究。第三，在科学社会学及科学知识社会学中，持语境论的科学社会学家和科

---

④ 江晓原. 江晓原谈科技史. 大自然探索, 1986,5(4)：151-152.

学知识社会学家们也从社会学和文化学角度研究科学的变迁。他们将科学视为一种"亚文化"，一种相对自主的、具有自身结构和动力的知识体系，这种知识体系与其赖以存在的更大的社会结构紧密相连，而社会结构的变化在很大程度上决定着科学的发展。20世纪70年代出现的对科学进行人类学和社会文化研究的"社会修辞学"方法和行动者网络方法，从本质上讲就是语境分析方法，它们是在科学哲学反实证主义、现象主义等哲学思潮影响下形成的，它不同于科学社会学默顿传统的地方在于科学知识社会学是依据传统社会学的方法对科学知识本身进行社会考察分析。他们赞同历史主义的观点，主张消解科学知识与社会环境的界限，对科学知识采用社会学和文化学的解释，考察科学内部的文化、心理因素。[①]语境分析方法在柯瓦雷科学史研究中的应用，国内还很少有人关注过。其实，在柯瓦雷的科学史研究中，他特别强调，要把客体放入到他的那个时代中去考察。如研究一个人物，不仅研究他自己，还要研究与他相联系的那个时代的重要人物与其同辈们。柯瓦雷语境分析方法的中心目标是将仔细的文本分析与广义的历史观相结合，并用历史方法研究哲学问题。

"思想实验"移植法在柯瓦雷对科学革命史的理性重建中，令培根式科学实验方法受到蔑视。柯瓦雷认为，科学革命时期的物理学和天文学最辉煌的成就源于古代及中世纪的"思想实验"方法运用的结果，而默顿式或其他形式的"科学社会史"被排除在历史之外。

"反辉格"法是新一代的职业科学史家立场相当一致的一种方法。柯瓦雷在总结自己的编史实践时说，科学思想史关键是将著作置于其思想和精神氛围之中，并依据其作者的思维方式和好恶偏向来解释。已经有太多的科学史家，将古人经常晦涩、笨拙甚至混乱的思想译成现代语言，尽管澄清了它却也同时歪曲了它。

3）科学史建制

在科学史建制过程中，比利时科学家萨顿在推进科学史建制化方面居功甚伟。1912年，萨顿创立国际性科学史杂志《爱西斯》（*Isis*）。萨顿为躲避第一次世界大战逃到了美国，由于他的不懈努力，科学史这门学科在美国得以建立。之后，随着第二次世界大战战火的蔓延，与萨顿实证主义编年史传统风格迥异、注重概念分析的思想史方法，也由柯瓦雷带到了美国，并迅速引起了强烈的反响。国内对柯瓦雷在科学史学科建制、科学史教育以及他在科学史学会中所起作用等方面的研究几乎为零。

---

① 魏屹东. 广义语境中的科学. 北京：科学出版社，2004：16-17.

4）获奖

柯瓦雷于 1961 年获得了科学史研究领域的最高奖项——萨顿奖。这一奖项不仅是美国科学史学会几种奖项中的最高奖，而且也是国际科学史界公认的最高奖。犹如诺贝尔自然科学奖是科学界的最高奖一样，萨顿奖是一种终身成就奖。这一奖项的获得者通常都是科学史界极具影响力的人物。

5）影响

柯瓦雷被尊称为科学史内史大师，以其观念论的编史纲领与概念分析方法，对科学史内史研究的出现与发展产生了重要影响。因为柯瓦雷的学术生涯横跨俄罗斯、法国和美国，也因为他的哲学、思想史背景，还有他采取的方法和历史观，他的影响力超越了地域、文化和学科的界限。库恩在柯瓦雷的科学编史学思想的影响之下，突破了《伽利略研究》仅局限于科学内部史的研究方法，将科学置于当时的文化背景之下加以考察，开创了内部史与外部史结合的编史纲领。他的思想不只是限于科学史领域，更涉及科学哲学、自然科学、社会科学、宗教和文学领域。然而，他的思想影响范围之广，影响时间之长，这几乎是被忽略的。

6）评价

在科学史上，柯瓦雷享有不亚于萨顿的地位。柯瓦雷于 1939 年出版的《伽利略研究》是科学哲学中历史学派的真正策源地。近年来，柯瓦雷关于人类思想之统一的信念得到了研究者的高度重视。一些建构论者甚至将他视为建构论的又一思想先驱。"如果我们按照柯瓦雷的思想从事科学史研究，那么，关键问题不在于我们从开普勒（J. Kepler）身上学到了什么，而是要解释开普勒在写它时想的是什么。就此而言，科学史由此开始进行比较和概括，从而走向真正的历史。"[①] 然而，柯瓦雷的世界是个童话世界。据威斯特福尔说，晚年的柯瓦雷对于自己过于执着"思想实验"，以及自己关于科学革命的预想是有所感悟的，但已来不及对此做出某种修正便带着遗憾告别了这个他曾在其中生活、奋斗过的童话世界。

这些评价强调科学内史方面的奠基作用，而忽略了柯瓦雷在科学哲学等其他方面的重要作用。强调其在科学史发展初期的"开创"性，而忽视了在科学史不断发展中，尤其是发展到内外史综合阶段时，片面强调内史的局限性。

---

① 袁江洋. 科学史的向度. 自然科学史研究，1999,18(2): 97-114.

（二）国外柯瓦雷研究现状

国外对柯瓦雷研究首先是对其论著的不断再版，对其论著的专门研究较多，引证研究更是范围大，至今仍然不断，并有上升的态势。国外对柯瓦雷研究的论文很多，著作不多。国外研究涉及柯瓦雷论著的参考目录，并有纪念柯瓦雷的论文在《爱西斯》上发表。国内正式发表的书评、纪念性文章、专门参考目录都还没有。至于传记，国内和国外都还未曾见到。

1. 整理柯瓦雷的原始文献

整理柯瓦雷的原始文献，有以下方式：①对他生前论著进行再版；②翻译柯瓦雷生前的著作；③整理他的原始文献而出版的著作。

柯瓦雷的论著被翻译为多种语言出版，产生了巨大影响，并在美、英、法等国家产生了重要影响。特别是在美国，吸引了一批青年学者对他的思想加以批判和发展，这为继承和批判他的思想奠定了基础。笔者在参照译本的同时，主要以原著为立足点。

2. 对柯瓦雷的专门研究

国外对柯瓦雷的专门研究主要有以下六个方面：①柯瓦雷科学史的研究；②科学史与哲学的关系；③对柯瓦雷的批评；④思想史与社会学之间的关系；⑤柯瓦雷思想的影响；⑥纪念柯瓦雷的文章（传记、参考书录、百科全书词条、网站等）。

下面做逐一论述。

1）对柯瓦雷科学史的研究

对柯瓦雷科学史研究主要涉及实验、科学革命、天文学等方面。一是对实验的研究，代表性的有酒水实验与关于伽利略的比萨斜塔实验，问题集中于实验是思想建构还是确实做过之间的争议。对麦克拉克伦（James Maclachlan）与柯瓦雷关于酒水实验的争议，贝兰（A. Beltrán）（1998）对此做了进一步的澄清。二是对库恩（1970）与霍尔（A. Rupert Hall）（1987）对科学革命概念的研究。三是塔顿（Réne Taton）（1965）与阿伽西（Joseph Agassi）（1958）对柯瓦雷的天文学的研究。

2）柯瓦雷科学史研究与哲学思想的关系及其受哲学思想的影响

这方面研究最全面的是卓兰德（Gérard Jorland）的《哲学中的科学》

（1981）。该书分为两部分。第一部分是思想史的认识论模型，分为三章，对思想的本体论进行了论证，并研究了历史、无限性等概念；第二部分是从封闭的世界到无限宇宙，主要研究了哥白尼革命，帕拉塞尔苏斯与哥白尼之间的玻姆哲学；伽利略与笛卡儿这两位伟大人物的几何化转向，并进一步讨论了牛顿物理学与形而上学的关系。克里斯腾森（Darrel E. Christensen）在《哲学及其历史》（1964）中研究了柯瓦雷的海德格尔思想。舒曼（Karl Schuhmann）（1987）对柯瓦雷与德国现象学的渊源进行了研究。

3）对柯瓦雷的一些批评

学者们对于柯瓦雷的思想并非全盘继承，对于柯瓦雷科学史思想的局限性，学者们或进行批判，或加以重新解读。

艾顿（E. J. Aiton）（1965）指出了柯瓦雷研究莱布尼茨天体力学时的一个想当然的错误。贝恩布兰（Renford Bambrough）（1962）批判了柯瓦雷的柏拉图倾向。桑蒂亚纳（Giorgio de Santillana）（1942）进行了新伽利略研究，而维纳（Philop. P. Wiener）（1943）对柯瓦雷版本伽利略也重新进行了解读。

4）思想史与社会学之间的关系

艾拉卡那（Yehuda Elkana）（1987）研究了柯瓦雷与脱离知识实体的社会学研究，并在此基础上提出了柯瓦雷是知识社会学的先驱之一。

5）柯瓦雷思想的影响

默多克（John E. Murdoch）（1987）阐述了柯瓦雷思想在美国的科学史领域与哲学领域的深刻影响。与此同时，卡西尼（Paolo Casini）也研究了柯瓦雷思想在意大利的发展。

6）纪念柯瓦雷的文章（传记、参考书录、字典或百科全书词条、网站等）

科恩、塔顿（Réne Taton）、克拉盖特（Marshall Clagett）、德伦（Suzanne Delorme）、海林（Jean Héring）、海瑞伍尔（John Herivel）等从柯瓦雷的生平、代表性著作、柯瓦雷在美国与巴黎之间的讲学、获奖等诸多方面对柯瓦雷作了介绍。

3. 对柯瓦雷论著的大量引证

对柯瓦雷论著的大量引证，国外比国内多。在国外引证的内容方面，引证最多的是科学哲学期刊方面，其次是引证科学史类的期刊，其他涉及自然科学（天文、物理、化学、生物等）、社会科学（社会认识论、社会科学和医学等）、认知科学（大脑和认知、心理学等）、宗教和文学等诸多领域。这与国内形成极大的反差，国内对柯瓦雷论著的引证数量很少。国内引证的内容涉及科学史与科学哲学、物理、医学等方面，范围很窄，影响面小。国外对柯瓦雷的引证主要分布在以下领域：①科学哲学、哲学史；②科学史、科学思想史；③宗教史；④自然科学；⑤社会科学；⑥认知科学；⑦文学。而国内对柯瓦雷的引证基本一直都是在科学史、科学哲学领域。

三、科学编史学思想的研究视域

科学编史学思想的研究视域主要在四个领域中展开。科学史家眼中的编史学理论；科学哲学家眼中的编史学理；科学知识社会学家眼中的编史学理论；女性主义者眼中的编史学理论。

下面逐一阐述。

（一）科学史家眼中的编史学理论研究

对于科学史家眼中的编史学理论研究，国外最具代表性的就是克拉（Helge Kragh）所著的《科学史学导论》。[①]笔者翻译了此书，在仔细研读中，曾参照了任定成教授的汉译本。任教授认为，该书勾勒了科学史前的轮廓，论述了一般史学的本质问题，介绍历史理论之于科学史的应用，讨论了科学史学中的某些基本问题，包括分期问题，意识形态的功能问题，以及历时史学与移时史学之间的张力问题等。

国内在科学编史学基本理论研究方面，代表性著作有席泽宗院士的《科学史十论》，郭贵春、邢润川、林德宏、肖玲等教授主编的《走向建设的科学史理论研究—全国科学史理论学术研讨会文集》，刘兵教授的《克里奥眼中的科学——科学编史学初论》，江晓原教授的《科学史十五讲》，袁江洋教授的《科学史的向度》，吴国盛教授的《科学思想史指南》等，这些研究涉及不同的流派，如萨顿的实证主义、柯瓦雷的科学思想史、夏平（Steven Shapin, 1943-）的建构主义等科学编史学理论。国内学者在科学编史学基本理论的研究方面，代表性的论文有李醒民教授的《科学编史学的多个维度及其张力》、邢润川教授的《科学史定位及体系结构》等。国内学者在科学编史学的方法论研究方面，主要有萨顿的实证主义方法、皮尔逊的历史方法[②]、语境分析法等。这些研究都在不

---

① 2005年，笔者将克拉的《科学史学导论》翻译完成待出版之际，得知任定成教授已将此书的汉译本出版。任教授的汉译本是科学·历史·文化研究书系列之一，由北京大学出版社出版。

② 李醒民. 皮尔逊的历史研究和编史学观念. // 郭贵春. 走向建设的科学史理论研究——全国科学史理论学术研讨会文集. 太原：山西科学技术出版社，2004：478.

同程度上对科学编史学理论和方法论进行了有益的探讨，为本书提供了坚实的编史学理论与方法论基础。

（二）科学哲学家眼中的编史学理论

科学哲学中相关编史学理论的代表性论著主要有库恩（Thomas S. Kuhn）《科学革命的结构》中对内外史关系的研究、拉卡托斯（Imre Lakatos）《科学研究纲领方法论》中对科学的合理重建、语境论等。库恩《科学革命的结构》从科学史的视角探讨常规科学和科学革命的本质，他将历史引入科学史研究。他认为，科学史不是由科学理论研究出发研究科学史，不是通过科学理论去验证科学史，而应该从历史本身出发如何建构科学史理论。他第一次提出了范式理论及不可通约性、常态、危机等概念，深刻揭示了科学革命的结构。拉卡托斯科学史合理重建的思想强调，应用哲学方法重新书写科学史。语境论强调将问题置于特定的语境中寻求一种视域的融合，科学史研究方法的语境化表现为内外史相统一、"辉格"与"反辉格"相统一、历时与共时相统一、科学思想史与科学社会史相统一、科学史与科学哲学相统一等综合史观。

（三）科学知识社会学相关的编史学理论

科学知识社会学相关的编史学理论以科学知识社会流派的社会建构论为代表。社会建构论认为科学是社会建构的，而不是由理性创造的。社会关系、利益、修辞等社会文化因素所导致的怀疑主义和相对主义是认识科学合理性、客观性的基本前提。在编史学研究中代表性论著主要有夏平的《科学史及其社会学重构》（*History of Science and its Sociological Reconstructions*），赵万里对夏平建构主义编史学的研究等。史蒂文·夏平（Steven Shapin）既是科学史家，又是知识社会学家。知识社会学的社会建构论从某种程度上说，也是一种语境论。因而，夏平的理论中也包含了语境论的思想。他倡导一种新的编史学："关注科学知识的基础问题，使用科学史的证据和技术，得出社会学形式和实质的结论。"[1]

（四）女性主义眼中的科学编史学理论

女性主义科学编史学是受后现代主义思潮的影响而形成的一种编史学观念。女性主义者认为，科学研究中男性占主流，因而突出了社会性别。他们认为，

---

[1] 赵万里. 科学知识的社会史——夏平的建构主义科学编史学叙论 // 郭贵春. 走向建设的科学史理论研究——全国科学史理论学术研讨会文集. 太原: 山西科学技术出版社，2004:192.

男性具有侵略性，而女性主义倡导中性。社会文化使得男性和女性按照两性的行为模式和社会角色影响自己的思想和行为。男性必须具有进攻性、侵略性，倡导英雄主义；女性必须温柔、忠诚，倾向于中性主义。在编史学理论中，社会性别也比较明显。女性主义的编史学理论主张，科学史不应只是男性主义的英雄史，应该以中性的观点理解科学史。刘兵教授《性别视角中的中国古代科学技术》（2005）对女性主义科学史的研究体现了当时殖民主义与女性主义的理论和方法介入科学史研究中的新趋势，这为科学史研究提供了巨大的发展空间和发展潜力。还有吴小英以女性主义对科学的诠释、项晓敏对波伏娃女性主义哲学思想探析等，这些研究对女性主义的科学史观进行了不同程度的挖掘。

除科学史外，历史主义、社会建构论、女性主义等科学史的相关领域分别将哲学、历史、社会性别等因素引入编史学研究，极大地丰富了科学编史学理论，也带来内外史之间、"辉格"与"反辉格"方法之间等争议。本书试图引入更具包容性的语境论方法整合不同观点。

柯瓦雷科学编史学之
思想形成与发展

柯瓦雷是乌克兰人。他曾在当时著名的学术中心德国的哥廷根市求学，师从现象学大师胡塞尔、大数学家希尔伯特（David Hilbert）、哲学家柏格森（Henri Bergson, 1859-1941）等。他在欧洲大陆理性思想文化传统的熏陶下成长起来。他在科学史领域的奠基之作《伽利略研究》是在第二次世界大战期间流亡到埃及时写成的。第二次世界大战结束后，由于是犹太人，他还一度被法国大学拒之门外。此时，美国人接受了他，此后他的思想结出了累累硕果。晚年的他一直在美国与巴黎之间往来执教，因而，美国分析哲学也对他的思想产生了一定的影响。

第一节　柯瓦雷现象学思想的形成

柯瓦雷于 1882 年 4 月 29 日出生于乌克兰西南部港口城市塔甘罗格（Taganrog）的亚苏（Azov）河畔。[①]他就读于法国勒芒（Le Mans）中学，后来在格鲁吉亚首都第比利斯（Tiflis）的高加索地区（Caucase）读中学。1908年，他离开祖国，到当时著名的学术中心德国的哥廷根市接受高等教育。他之所以到哥廷根学习，主要是因为对胡塞尔的仰慕。当时，胡塞尔由于《逻辑研究》的发表引发了欧陆哲学中蔚为壮观的"现象学运动"。在去哥廷根大学执教之前，胡塞尔已经确立了自身在德国哲学界的地位，胡塞尔还同哥廷根哲学协会保持联系。哥廷根哲学协会由莱纳赫（Privat-Dozent Adolf Reinach）成立于1907 年，其成员多是胡塞尔和莱纳赫的学生，他们通常每周聚会一次，交流现

---

① 柯瓦雷是位世界性的人文学者，身为犹太人，按照希伯来人的意第绪语的发音，他名字是 Kore，意思是，在俄罗斯腹地犹太教堂手拿精致的银针来指读希伯来圣经。

象学议题或者讨论相关的经典著作。柯瓦雷与胡塞尔一家人的关系很好，他跟随胡塞尔学习哲学期间，还曾住在胡塞尔家，由于他年纪太小，胡塞尔夫人还亲切地称他为"小孩"。[①] 他是这位哲学大师的第一批外国学生之一。

一、"哥廷根小组"的新秀

柯瓦雷在哥廷根大学的第一学期始于 1909 年的冬季。这一学期，他还跟随希尔伯特学习数学。1909 年冬季的课程中，柯瓦雷选择了政治经济实践，这一点在柯瓦雷中心收藏的笔记本中有过记载。在 1910 年夏季学期，柯瓦雷介入莱纳赫的柏拉图哲学课程，还选择了希尔伯特的数学课。莱纳赫的柏拉图哲学课，主要讲授前苏格拉底及其哲学与青年时代柏拉图对话的内容。30 年后，当柯瓦雷自己讲授柏拉图课程时，与莱纳赫当年的课程并没有任何相似之处。但是，令我们很惊讶的是，柯瓦雷于 1940 年研究关于 Ménon、Protagore、Théétète 三类对话，正是 1910 年莱纳赫所研究的那三类。他似乎对莱纳赫的判断理论很感兴趣。1910 年夏天，他选择希尔伯特的课程学习数学原理和基本问题。在数学圈中，柯瓦雷的研究很明显倾向于哲学方面而不是在纯数学方面。希尔伯特的得意弟子、著名数学家里查德·柯朗（Richard Courant），有时也参加每期的哲学聚会。1964 年，他回忆道"我对柯瓦雷红棕色的头发印象很深刻，他是年轻的哲学家，他对数学感兴趣。"

1910 年的冬季学期，柯瓦雷转向了心理学。他跟随德国因研究视觉和记忆而闻名的生理心理学家乔治·伊莱亚斯·缪勒（Georg Elias Müller）教授研究心理学理论问题，并参加这方面的实践。他也上胡塞尔研究认识论逻辑的课程。在此期间，他还研究了众多德国哲学家康德与克里斯汀·奥古斯特·克鲁苏（Christian August Crusius）、约翰·海因里希·兰伯特（John Heinrich Lambert）、摩西·门德尔松（Moses Mendelssohn）和达朗贝尔（Jean Le Rond d'Alembert）等的著作。

1910 年，柯瓦雷与莱纳赫、马克斯·舍勒（Max Scheler）和胡塞尔的两位门徒共同组成了哲学协会核心成员，并且他们都推选柯瓦雷成为核心成员。法国著名哲学家，柯瓦雷在哥廷根时就认识的好朋友让·海林（Jean Héring）证实，柯瓦雷加入哲学协会的讨论之初，就很受大家的欢迎。他在"哥廷根哲学协会"中表现活跃。柯瓦雷在哥廷根的第一学期期末，已经进入现象学的圈子，并且是学生圈子中最杰出的人物之一。

---

① Delorme S. Hommage à Alexandre Koyré. Revue d'histoire des sciences et de leurs applications, 1965, 18(2): 129–139.

1911 年夏季学期，他到巴黎在法国大学继续学习，维克托·德尔波（Victor Delbos）、安德烈·拉朗德（Audré Lalande）、利昂·布伦茨威格（Léon Brunschvicg）也在那里学习。

1912 年，柯瓦雷学习从培根到休谟的英国经验主义课程。这一年，他发表了《论胡塞尔的数》。文中论述了胡塞尔与其他法国数学家的争论。柯瓦雷首先批判了胡塞尔的数学原理，其中包括对数的定义，他认为胡塞尔对数的定义有矛盾，因而不能作为数学原理的基础。这篇论文不仅是悖论类主题中有重要影响的文章，而且也是未来十年柯瓦雷唯一发表的作品。由于得到莱纳赫和康拉德－马休斯（H.Conrad-Martius）的资助，柯瓦雷到 1912 年夏天时仍然在哥廷根，但是他越来越倾向于去法国。

柯瓦雷还认识了柏格森，并于 1912～1913 年到巴黎的法国大学追随柏格森学习哲学。① 柏格森的名声大大出乎他的意料。很多学生走很远的路去法国大学的第 8 教室只为听他讲授哲学课程。正是出于深深的敬慕，才成为柯瓦雷能够坚持下来的动力。

1913 年，柯瓦雷在巴黎学习古典经院哲学时，就看到了现象学的未来。他研究现象学，从不模仿别的学者的方法，这就避免了陷入当前现象学窠臼的危险。柯瓦雷试图揭示古典经院哲学著作作者的直觉。此时，柯瓦雷开始准备他关于"圣·安瑟伦与上帝的思想"的论文。1914 年的假期到来时，柯瓦雷去瑞士准备他的论文。

柯瓦雷 1909～1910 年冬天的学期在哥廷根，除了 1911 年的夏季学期，到 1912 年夏季学期结束他一直在那里。但是他在 1913 年的夏季学期不在哥根廷居住，他 1914 年夏季才回来。胡塞尔的私人助教路德维希·兰德格雷贝（Ludwig Landgrebe）曾谈到，柯瓦雷是胡塞尔学生中学年较长的学生之一。

二、法国现象学的首批引入者

法国哲学发展的第一阶段产生于 20 世纪 20 年代初，这一时期法国哲学界开始为引进德国现象学而努力。施皮格伯格认为，当现象学在法国舞台上出现的时候，柏格森主义仍然是占支配地位的哲学，而布伦茨威格则与柏格森直觉主义相对立。无论是胡塞尔本人还是法国现象学的早期代言人都看到了柏格森思想与胡塞尔思想

---

① 柏格森是法国哲学家，生于巴黎。父亲是犹太裔的波兰人，音乐家，母亲是爱尔兰籍犹太人。柏格森自小便接受典型的法国式教育，对哲学、数学、心理学、生物学有浓厚的兴趣，尤其酷爱文学。1927 年，他获得诺贝尔文学奖。

的某种相似，许多人甚至过分强调了这种相似，其结果是，德国现象学"很容易被放宽的柏格森主义通过"；就布伦茨威格的新观念论而言，胡塞尔把自己的现象学差不多称之为"新笛卡儿主义"，而且强调严格科学的哲学理想，这些无疑都投合布伦茨威格——因为他的基本思想是由笛卡儿主义和康德主义混合而成的。

根据施皮格伯格的看法，在引进德国现象学方面，最初的工作是由一些外来者进行的，那些在德国传统中培养起来的阿尔萨斯人，还有就是一些曾在德国学习过、后来到法国的俄国或波兰学者，柯瓦雷就是其中之一，其他还有从德国来到法国的学者。

第一次世界大战爆发时，柯瓦雷毅然把他的论文寄存在他很信任的蒙塔涅·圣贞维耶芙山（Montagne-Sainte-Geneviève）一家旅店的老板那里。他于1914年参军，先加入了法国军队，后来又加入沙皇军队，然后参加苏维埃革命。第一次世界大战结束时，他已度过了四年的军旅生涯。

三、聆听现象学大师的教诲

第一次世界大战结束后，柯瓦雷重新回到巴黎，重新找到战前寄存的笔记，继续从事他的科学史研究。在巴黎期间，他受到胡塞尔、莱纳赫、康拉德－马休斯等现象学大师们的谆谆教诲，与他们一生都保持着亲密的关系。这些泰斗的思想熏陶，对柯瓦雷关于哲学的认识具有举足轻重的影响。柯瓦雷还认识了梅耶逊（Émile Meyerson），梅耶逊是一位理想主义哲学家，柯瓦雷经常和梅耶逊交流思想。梅耶逊的思想指引了柯瓦雷未来的研究导向。他还结识了许多杰出的哲学家与科学家，他们都喜欢与他交谈，如布伦茨威格、利维-布留尔（Lévy-Bruhl）、莱纳赫、海琳·墨子格（Hélène Metzger）、安德烈·梅斯（André Metz）、加斯东·巴什拉（Gaston Bachelard）。当柯瓦雷到巴黎后，每个周四都到克莱门特-马罗（Clément-Marot）大街，与他们讨论一些新的科学理论，如相对论，波动力学及隐喻哲学。

首先，柯瓦雷深受莱纳赫思想的影响。莱纳赫是德国著名现象学家，第一代现象学运动的代表人物之一，《哲学与现象学研究年鉴》（胡塞尔创办，以下简称《年鉴》）的编者之一，现象学哥廷根小组的领导者之一。哥廷根的现象学家们，如柯瓦雷、施太因（E. Stein）在他们叙述这个时期时，曾独立地将莱纳赫而不是将胡塞尔当作他们现象学方面事实上的老师。康拉德-马休斯（H. Conrad-Martius）甚至走得更远，称莱纳赫为典型的现象学家（Phänomenologe an sich und als solcher）。但是，除去他作为教师的非凡感染力，莱纳赫甚至还发展了一种早期现象学的变种，它比起"大师"（胡塞尔）的现象学来，在形式上更加简单明确，而在内容方面更加具有启发性。莱纳几乎没有什么论著发表，只有一篇才华横溢的演讲：题为"论现象学"（Über Phänomenologie，1914 年）。

我们知道，芝诺悖论是莱纳赫多年以来特别喜爱研究的问题，但是他还没有来得及出版对芝诺的研究就于 1917 年被敌人杀害。1921 年 5 月 28 日，胡塞尔的夫人（Malvine Husserl）给波兰现象学派美学家英加登（Roman Ingarden）写了一封信，希望研究莱纳赫的思想。柯瓦雷在第一次世界大战后写给康拉德-马休斯的信中表达了他对莱纳赫的怀念。后来他决定完善他对芝诺悖论的注释以纪念莱纳赫。1922 年，他在现象学领域著名的《年鉴》（胡塞尔创立）上发表《解读芝诺悖论》（Anmerkungen zu den Zenonischcen Paradoxen）一文，正是出于此目的。柯瓦雷的这篇文章，来自与莱纳赫的讨论，也应该是这一研究的结果。

1923 年，柯瓦雷的《圣·安瑟伦的哲学与上帝思想》一文完成。皮卡韦（François Picavet）是他的导师，时任巴黎高等研究实践学院主任，他是研究中世纪问题的专家。柯瓦雷在 1922～1923 年的著作《论笛卡儿关于上帝的思想及其存在的证明》表明他研究的两个主要方向，事实上，"他对神学的认识明显而生动地体现在历史学家的思想中，同时也体现在现代欧洲的宗教思想与科学思想中"①。人们不能人为划分研究领域，人类精神隐含了我们对出现于其中的宗教、科学、政治的认识。宗教史、社会史、哲学史、科学史需要紧密地联系在一起。这是 1929～1930 年柯瓦雷在蒙彼利埃（Montpellier）文学院授课时应用在教学实践中的思想。1924 年，他去蒙彼利埃大学任授，同时还兼任巴黎高等研究实践学院的主任。他于 1925 年得到科学院道德与政治学院的 Dissez de Penanrum 奖。1929 年，他研究德国神秘主义起源的论文《玻姆哲学》通过答辩，使他获得博士学位。这篇文章是他标志性著作，吉尔森（Gilson）教授对此做过高度评价，认为这是一篇非常出色的论文，在别人还未尝试之前，柯瓦雷就已经取得了成功。1929 年，他负责第五届科学与宗教大会，会议由 Maurice Vernes 主持，Jules Toutain 任秘书。1926 和 1929 年，柯瓦雷还两次获得科学哲学方面的 Gegner 奖。

1931 年，他开始承担胡塞尔《逻辑研究》第二卷在《哲学》杂志上发表的编撰工作。胡塞尔的《逻辑研究》第二卷发表后，柯瓦雷也在现象学界有了一

---

① Vignaux P. De la théologie scolastique à la science moderne. Revue d'histoire des sciences et de leurs applications, 1965, 18(2): 141-146.

席之地，这也是胡塞尔让他负责翻译《笛卡儿式的沉思》的原因。1933 年，当柯瓦雷致力于史前哲学与宗教思想的研究时，他连续出版了两本杰出的著作，都是关于文艺复兴时期最具代表性的人物——帕哈塞尔苏斯与哥白尼。事实上，《14 世纪德国的神秘主义、灵魂与炼金术》一书对帕哈塞尔苏斯进行了逻辑透视，他对哥白尼的兴趣表现出对哲学史与宗教史研究忧虑的一面。①

其次，柯瓦雷深受胡塞尔的浓厚熏陶。柯瓦雷与胡塞尔的关系总体上保持持续联系，由于莱纳赫的早逝，胡塞尔成为现象学最重要的人物之一。1922 年的 9 月和 10 月间，柯瓦雷在胡塞尔家里每月各住了三周。这一次的拜访，胡塞尔非常高兴。另一次是在 1928 年 10 月，由柯瓦雷提议，胡塞尔受利希滕贝尔格（Henri Lichtenberger）邀请到巴黎的法国大学做报告。这一提名具有特殊的意义。这是在第一次世界大战后第一次，一位德国人受邀请被科学院所接受，这也表现出两个国家的学者之间的和解倾向。从那以后，柯瓦雷与胡塞尔的关系越来越密切。1929 年 2 月，胡塞尔将《巴黎如是说》（*Pariser Vortrüge*）投给《笛卡儿竞技场》（*L'Amphithéâtre Descartes*），文中揭示了笛卡儿思想中的经院哲学思想。他还特别提到，这是吉尔森（M. Gilson）和柯瓦雷深入研究的优秀成果。胡塞尔认为，柯瓦雷是他以往学生中真正最有成就者。1929 年 4 月，胡塞尔庆祝他 70 岁生日。这时，柯瓦雷写了一系列纪念胡塞尔的文章，其中一章是关于玻姆的论文，由康拉德 - 马休斯翻译成德语。他亲自到 Fribourg-en-Brisgovie 帮助安排庆祝活动。一个月后，胡塞尔完成他起草的巴黎会议，并将手稿送给柯瓦雷，让他负责《笛卡儿式的沉思》（*Méditations Cartésiennes*）法语的翻译工作。1930 年 7 月，柯瓦雷将新的手稿送给胡塞尔时，他们共同讨论了翻译事项。1931 年该书最终得以出版。前言中提到由柯瓦雷负责法语部分翻译。1932 年 7 月，柯瓦雷和他的夫人在胡塞尔家住了两周。在这次来访中，胡塞尔对柯瓦雷翻译《笛卡儿式的沉思》一书的大量工作表示非常感谢。柯瓦雷在胡塞尔家里停留时，他被选举为法国科学院的通讯院士。柯瓦雷写了四页的报告给学院的研究员布伦斯威克（Léon Brunschvicg），表示他深受鼓舞。

1932 年，柯瓦雷最后一次看望胡塞尔。后来的几年，柯瓦雷去了开罗，但仍然将他的工作发送给胡塞尔。1932 年，他参加了现象学托马斯主义者（Thomiste）协会组织的大会，会议由朱维西（Juvisy）主持。1934 年，胡塞尔在晚年写给他朋友的信中表示，他和他的夫人殷切盼望柯瓦雷的到来。在胡塞

① Taton R. Alexandre Koyré histoire de la revolution astronomique. Revue d'histoire des sciences et de leurs applications, 1965, 18(2): 147-154.

尔的参考书目中，还发现了柯瓦雷写于 1937 年的"落体定律"。这表明柯瓦雷与胡塞尔一直保持密切的关系。

最后，柯瓦雷与康拉德－马休斯很早就建立了珍贵而深厚的友谊。康拉德－马休斯是德国著名的哲学家之一。柯瓦雷自去德国求学之初就与康拉德－马休斯建立了亲密友谊。从 1911 年到 1964 年，柯瓦雷（与他的夫人）给康拉德－马休斯写了大约四十封信。柯瓦雷说，"从我的研究开始，……就不可能分开……哲学思想史与宗教思想史"，足见康拉德－马休斯对柯瓦雷的影响。我们知道，这种信念导致他最终转向科学思想史。康拉德－马休斯一定支持着柯瓦雷这位获得"宗教学学位的学生"，按照柯瓦雷的《笛卡儿那里上帝及其存思想的研究》封页的说法，在某种程度上正是康拉德－马休斯，促使他走向研究基督教神学家的思想，如圣·安瑟伦和雅各布·玻姆（Jacob Boehme）等思想家。1928 年之后的几年中，柯瓦雷还研究了德国神秘主义者和泛神论者魏格（Valentin Weigel, 1533-1588）、塞巴斯蒂安·弗兰克（Sebastian Frank）、炼术士菲利普·奥卢斯·帕拉塞尔苏斯（Philippus Aureolus Paracelsus, 1943-1541）等的思想。

第二节　柯瓦雷科学思想史的创立

1930 年，柯瓦雷在巴黎高等研究实践学院第五期的课程中，着手研究哥白尼的天文学。这标志着柯瓦雷真正研究科学史的开始。通过开辟新的研究领域，柯瓦雷提炼出知识的特质：译作中求实，概念分析中求精，科学、哲学与神学的相互影响中求真，注意不断跟踪最细微的思想研究，注重对稀有文化的研究，对当前社会思潮与以往不同时期的社会主题的深刻理解。1932 年，他发表关于阿尔芬德瑞（Paul Alphandéry）的文章，他还翻译了斯宾诺莎的《知识改进论》（*Tractatus de Intellectus Emendatione*）。

一、从弃笔从戎的爱国热血青年到执笔从戎的斗士

柯瓦雷命运多舛的奠基之作——《伽利略研究》。纳粹主义在 1933 年的上台迫使犹太血统的柯瓦雷逃亡埃及。在逃亡期间，他提交了关于伽利略的第一篇报告。1934 年，他翻译哥白尼的《天体运行论》（*De Revolutionibus Orbium Coelestium*）。1937 年，他发表的"伽利略与比萨实验"的论文，并最终孕育出

1939 年《伽利略研究》。正是这一著作，开创了科学思想史的先河。第二次世界
大战期间，他被法国维希政府流放到了埃及。他试图在那里加入法国或者英国
的军队。但是，却被戴高乐政府送到了美国纽约，在一所新建的法语学院任职。
1933～1934 年，开罗大学应政府要求招聘法语教师，这就为柯瓦雷提供了一年
在那里教学的机会。开罗属于温暖湿润的地中海式气候，在这宜人的环境中，
柯瓦雷还访问了以考古成果丰硕而闻名的古迹。他认为，这里的社会环境也是
一个值得研究的主题。在埃及，柯瓦雷的学生及其家人，工作中的同事，都成
为了他的好朋友。柯瓦雷也学习他们的风俗习惯。柯瓦雷很高兴于 1936～1938
年在开罗又居住了两年。这时，柯瓦雷已经写了几篇关于伽利略的论文，他正
准备他的《伽利略研究》。事实上，桑蒂拉纳（Giorgio de Santillana）非常幸运，
他于 1939 年 8 月，正好是第二次世界大战爆发前，将印刷完整的两本《伽利略
研究》和一套修正过的资料带回法国。在第二次世界大战爆发以前，后来成为
麻省理工学院科学史教授的桑蒂拉纳在巴黎就已经认识柯瓦雷，这可能是通过
出版商桑蒂拉纳的老朋友弗赖曼认识的，在他的帮助下，该书于 1939 年由赫尔
曼（Hermann）出版社出版，当时出版社主任是弗赖曼（Henri Freymann），他与
那些常在法国大学 6 号出入的人一样也是柯瓦雷的好朋友。赫尔曼后来出版了
"科学与工业活动"系列，其中就包括柯瓦雷最著名的《伽利略研究》一书。柯
瓦雷在这本书中表明，影响伽利略发现物理学与天文学规律的不是望远镜的发
现，而在于由亚里士多德的"封闭世界"所导致的思想观念的变化。

　　随着第二次世界大战的爆发，再次激发了柯瓦雷的爱国之情。加之作为犹
太人所遭受的迫害，思想上已经很成熟的他，不再如第一次世界大战那样，他
不是以刀戈相对。柯瓦雷认识到，在第二次世界大战期间表现出的对犹太人的
敌视与仇恨情绪，人们都已经失去了理性，而他的使命就是重新从柏拉图那里
找回理性，用于战争结束后人类思想的重建。他一方面通过举办各种会议继续
传播科学精神，另一方面继续他的科学史研究。

　　1941 年，柯瓦雷加入自由法国，他希望以一种更积极的方式参军。他来到
伦敦，加入戴高乐的军队。这次，他又到了开罗。但是，1941 年，从开罗到纽
约的交通很不方便，要经过孟买、新加坡、关岛（Guam）、威克岛（Wake）、檀
香山（Honolulu）、旧金山和芝加哥，要坐飞机、轮船、汽车等多种交通工具才能
到达！美国人已经不再打仗。他们看重的是法国的维希（Vichy）傀儡政府而不
是法国的自由。柯瓦雷大量宣传法国的局势，这对于为国内抵抗力量提供物质与
精神帮助具有重要意义。参加集会者还划分了各自的任务，一些人收集资金、食

物和衣物，另一些人继续传播法国科学与法国精神。在此期间还成立纽约高等自由研究院，由著名的艺术家弗西伦（Henri Focillon）、古斯塔夫·科恩（Gustave Cohen）、柯瓦雷、贝汉（Jean-Francis Perrin）、阿达玛（Jacques Hadamard）、法国天主教哲学家马利坦（Jacques Maritain）等管理。柯瓦雷在纽约市的社会研究新学院（The New School for Social Research）任职，试图保持法国高等教育的传统和巴黎高等研究实践学院的研究。柯瓦雷举办各种会议，发表了许多关于伽利略、哥白尼、笛卡儿的文章，期望寻求第二次世界大战中人类所丧失的理性。1944年，发表《与笛卡儿对话》《德国军队》《第五栏》等文章。同时，他在纽约社会研究新学院还从事社会研究。残酷的生活并没有阻止他继续研究与沉思。1942年，他到了伦敦，试图能尽自己的微薄之力做一些报告来影响欧洲的局势，但是没有成功，^①却在这里遇到了萨顿的学生科恩。当时，柯瓦雷受乔其奥·德·桑蒂拉纳之邀，到剑桥为奥古斯丁协会组织做报告。桑蒂拉纳是科恩的老师，他们后来成为亲密的朋友。柯瓦雷在奥古斯丁协会做报告的主题是中世纪哲学的柏拉图传统。这一报告使他拥有众多的追随者。柯瓦雷在剑桥做了一个关于伽利略和柏拉图的大学讲座。这个讲座很简要，这是他的习惯，但是他以强有力的方式论证了最初的观点。然而，事实上，大多数听众不能如所期望的那样完全理解他的内容，因为在场的只有三个人非常了解伽利略的思想和伽利略研究的现状，能意识到他的报告的革命性影响。这三个人是，桑蒂拉纳、科恩、意大利学者奥尔西克（Leonardo Olschki），奥尔西克也是一位流亡的学者，对于伽利略的研究领域，他是一位伟大的学者。

　　法国新史学运动的代表人物之一——贝尔（Henri Berr）非常欣赏柯瓦雷的敏锐思想，他认为，柯瓦雷的博学基于他对多种语言的精通，1948 和 1949 年，他邀请柯瓦雷合作完成《综合周刊》的第 14 期与 15 期，在 1954 年完成《伽桑狄的旅程》（Gassendi Journées）。

　　柯瓦雷是一位忧国忧民的爱国主义者。多数人认为柯瓦雷的科学思想史是纯粹的思想史，并将其划作一位内史主义者。这就给人以"不食人间烟火"印象，也就是说，他只是一味地闭门做研究，也不关心世事。然而，柯瓦雷也如爱国诗人杜甫一样，不仅是学问有成，更是一位忧国忧民的爱国主义者。如果说，杜甫的爱国主义是通过他的诗表现出战争与社会动乱带给人们"城春草木深""家书抵万金"的悲凉社会的话，那么，柯瓦雷不仅在他的科学史研究中表

---

① Delorme S. Hommage à Alexandre Koyré. Revue d'histoire des sciences et de leurs applications, 1965, 18(2): 129-139.

现出这样的强烈倾向，更是通过他的科学史研究为社会问题提出了解决问题的路径。在此意义是上，我们可以将其看作一位柏拉图式的政治哲学家。

他不仅非常关注政治，甚至还参与到政治中去。早在第一次世界大战时，柯瓦雷就曾自愿参军，保卫祖国。这时，他还没有大学毕业，思想还不是很成熟。到了第二次世界大战爆发时，作为犹太人，他被迫离开祖国而流亡到埃及。在此期间，他并没有放弃科学史研究，反而在此期间成就了科学思想史的开山之作《伽利略研究》，之后，他的思想在与法西斯的斗争中日趋成熟。他在战争中发现，人们的思想中已经丧失了理性，代之以仇恨、报复等非理性的思想这一根本变化，这无论对于科学还是社会的发展都将产生灾难性影响。从此，他的科学史研究不再只是研究近代科学的起源问题，1945 年他转向了柏拉图研究，他渴望从柏拉图那里寻找知识与道德、哲学与政治等相关问题的解，希望能从中获取灵感，重新找回理性，从而能在第二次世界大战结束之后，重新建构人们的思想。为此，他还在剑桥、纽约等欧美各国的许多大学多次举办一系列的讲座，这些讲座大受欢迎。当然，并不是所有人对他的思想都欣然接受，有些地方甚至拒绝他举办的讲座。尽管如此，他仍然对他所宣扬的理性保持乐观主义，他深信战争必将结束，人们的疯狂情绪也只是暂时现象。他通过先前对德国神秘主义、俄国民族主义、德国革命等不同政治与社会语境中思想的研究，对于战争中的思想本质问题已经有了清醒的认识，基于这些认识，他已经能找到解决问题的可行性路径。

在《蒂麦欧篇》中，柏拉图宣称，理性支配必然性，动机使事物最重要的部分走向完美；这样，根据这一原则，通过理由战胜必要性使世界有了崭新的面貌。必须注意的一点是，这里的"必然性"并不是指永恒的科学规律。正如克特（Crote）所言："这一词现在常常被理解为指示固定的、永久的、无法改变的、可以预料的东西。在柏拉图的《蒂麦欧篇》中，其意义正好相反：无法决定的、变化的、反常的，既不能被理解，也不能被臆断的东西。"事实上，正如柏拉图所言"必然性"是指"不定的原因"。[1] 柯瓦雷在这里将其理解为难以预料的"战争"，根据柏拉图的这一原则，柯瓦雷坚信，战争只是暂时的，反常的现象，但是它的非理性层面终将会被理性所战胜。通过将形而上学和神秘主义的、非理性的因素引入思想史中，思想的成功或是失败的哲学体系得以阐述，因而，他并不认为自己是一位纯思想史家。他坚信，"隐藏在我们当中最疯狂的野兽，

---

[1] Shapere D. Descartes and Plato. Journal of the History of Ideas, 1963, 24 (4): 572-576.

要么被理性所控制，要么被驯服"。①

第二次世界大战结束后，柯瓦雷重新开始研究学术。他离开戴高乐的军队，再也不需要为保卫国家而四处做停战宣传活动，他恢复了往日的平静，作为国家公民和一位爱国者，他请求从事研究和教学工作。他又回到他高等研究实践学院路纳尔瓦（Navarre）街上的小房子，法国大学不接受他，但是国家图书馆和综合中心（Synthèse）接受他。在战前，他常常去意大利人米耶利（Aldo Mieli）捐赠的综合中心科学史图书馆，这里会发现梅斯、坦纳里夫人（Mme Tannery）等，还有一些外国学者。

由于德国军队战败，对犹太人的迫害与歧视已大有改观。柯瓦雷接受了普林斯顿高等研究院的职位，他的科学编史学思想在美国引起了科学哲学家、科学史家的极大关注，特别是他用概念分析法对柏拉图的研究，使众多的学者对科学史产生了浓厚的兴趣，纷纷加入到科学史研究的阵营中来。

1945 年，柯瓦雷又重新回到巴黎高等研究实践学院执教。1946 年，柯瓦雷又接受了普林斯顿高等研究院的邀请，到那里任教。6 年中，他一直在普林斯顿与巴黎之间往来。冬天，他去普林斯顿，在藏书丰富的图书馆潜心研究，收集对牛顿、开普勒、波雷里等的材料。春天则到巴黎在巴黎高等研究实践学院上课。这一时期，他主要分析 16 世纪和 17 世纪天文学概念的演进，"天文学无限性"与"神学无限性"之间的关系②。法国科学院院士尼古拉斯·马勒伯朗士（Nicolas de Malebranche）、三一学院的巴罗（I. Barrow）、牛顿和亨利·摩尔（Henry More）也是研究这些思想的主要代表人物。柯瓦雷在美国已经有了他的朋友圈。更重要的是，有一群不断增加的学者，他们已经受到柯瓦雷的影响，开始对柯瓦雷的著作感兴趣。他们经常邀请他来美国大学讲课，芝加哥、约翰·霍普金斯、威斯康星大学他都去做过报告。他和他的妻子也开始到美国从事一系列的学术访问。

二、科学史学科的又一奠基者

萨顿是科学史学科的创立者。继萨顿之后，柯瓦雷开创了科学思想史的先河，代表性的分析法就是概念分析法。

---

① Elkana Y. Alexandre Koyré: between the history of ideas and sociology of disembodied knowledge. History and Technology, 1987, (4): 115-148.

② Taton R. Alexandre Koyré Historien de la revolution astronomique. Revue d'histoiredes Sciences, 1965, 18(2): 147-154.

（一）概念分析法的传授者

概念分析法并非柯瓦雷首创，但是，这一方法具体而深入地应用于科学史研究则要归功于柯瓦雷。特别是他在美国讲学期间，更是严格要求学生学习这一方法。作为柯瓦雷的学生，也不轻松。在上课前就都必须充分做好讨论的准备工作。这就要求学生在上课之前就要不断进行思考，因为这一点非常有利于提高学生对科学史的兴趣。在柯瓦雷对研究生进行科学史教学活动时，通常不管是他的学生还是同事，作为柯瓦雷讨论会的成员，还都必须学习其标志性的概念分析法。对此，他特别强调回到原始文本的重要性。通常大家在讨论时，都一起做这样的概念分析，并要发表自己的意见。不管是在美国的麦迪逊市（Madison）还是在巴黎，柯瓦雷的学生都要经过这样的学习过程。

柯瓦雷在教学过程中，特别提醒学生在应用概念分析这一科学史研究方法时要注意的四个基本前提，这四个前提在《伽利略研究》《天文学革命》《从封闭世界到无限宇宙》等著作中得到充分体现：

前提1：1543～1687年的天文学史与力学史只有在进一步的综合中才能被理解。

前提2：1543～1687年的科学发展时期，柏拉图主义与经验的、实验的与技术的成分相比，先验的重要性地位在不断上升。

前提3：在伽利略思想形成过程中，事实上的实验相对而言并不重要。

前提4：从中世纪到现代世界转变中，真正最具有革命性的是封闭的、以地球为中心的亚里士多德体系走向开放的欧几里得几何体系，不再以地球作为世界的中心。③

（二）杰出的教师

柯瓦雷通常采用讨论式的教学。柯瓦雷对学生要求很严格，他不仅注重概念分析的形式，更注重内容。柯瓦雷在完成他的著作时，即便是修饰，也会做这样的概念分析。当然，这种讨论式教学对于每个学生的益处很难预料。例如，柯瓦雷的学生默多克（John. E. Murdoch），一方面，他认为，这种讨论式的教学使他不仅是一个"不断长大的男孩"，更让他真切地感受到什么是真正的学者。作为一名美国学生，由于参加了柯瓦雷的讨论会，他的一篇很长论文《论整体》

---

③ Herivel J. Obituary: Alexandre Koyré (1892–1964). The British Journal for the History of Science, 1965, 2(3): 257–259.

（*In toto*）就得到了柯瓦雷的指点。对此，柯瓦雷还为他做了评论。这一点使默多克对法国特色的科学史研究有了深入的认识。另一方面，对他而言，这种讨论出乎意料的好处是，他仅经过一年在巴黎的学习，就在学术方面取得了官方认可，而通常这需要有居住两年的时间限制。[①]

柯瓦雷在讨论时，还表现出其天才的授课技巧。对此，克拉盖特（Marshall Clagett）曾总结柯瓦雷 1953 年在威斯康星大学时的教学技巧，他认为，没有人能与柯瓦雷的学识和天才相匹敌。柯瓦雷的授课技巧主要可归结为三个方面：

（1）具有强烈的直觉和敏锐的洞察力，能在复杂的哲学和科学语境中，发现隐藏着的真正有意义的概念与问题。

（2）通过仔细研读文本来阐明概念，旨在阐明作者与其前辈和当代人之间观点的异同在何种程度表现出来。

（3）具有一种真正的历史观，能以当时的社会思潮等背景，并根据对后续工作可能的和真实的影响进行论证。

（三）和蔼而严谨的学者

对于学生，柯瓦雷是一位和蔼的学者。他总是对科学史研究充满着热情，孜孜不倦地致力于科学史研究，他以温和的语言对学生进行讲解，不时地用手指点，不管是某一时期，还是某一事件，他总能旁征博引进行评价与引证，从来不厌其烦。对于学生所提出的科学史问题的不同见解，柯瓦雷也有他自己独特的回答方式。他的学生克伦比（Alistair C. Crombie）曾这样表述，"在许多次长谈中，我发现这个超常的人，总是通过应用他广博的学识沉溺对知识的洞察，不容易被说服，却总是允许有不同意见。从他欺骗的笑容中，他会有使人意想不到的见解"。[②]

他树立了科学史研究中严谨求实的典范。柯瓦雷在研究科学革命时强调，在天球的打破和现代科学无限宇宙的开放性方面，望远镜这架神奇的机器发挥了重要的作用。人们通常将第一架天文望远镜的发明归功于伽利略（Galileo Galilei）；但是柯瓦雷经考证后得出，"望远镜的发明并不归功于伽利略"。[③] 事实上，伽利略并没有给它命名。他似乎太忙于建造、完善、使用这架机器，以

---

① Murdoch J E. Alexandre Koyré and the history of science in America: some doctrinal and personal reflections. History and Technology, 1987, (4): 71–79.

② Crombie A C. Alexandre Koyré and the Great Britain: Galileo and Mersenne. History and Technology, 1987, (4): 81–92.

③ Koyré A. The naming of telescope. Isis, 1950, 41(124): 219–220.

至于没有时间去为命名的事伤脑筋。

对于同行，柯瓦雷以身作则的严谨态度更是感染了新一代的科学史家。柯瓦雷在 1962 年秋天就病倒了，在从事《牛顿研究》一书的写作期间，虽然他很繁忙，但是他与合作者科恩仍然一直保持交流。在美国每月隔三四天见一次面，可能是普林斯顿或是剑桥，有时也在纽约，抑或是参加第九届科学史大会时的西班牙。柯瓦雷仔细研究了最初每一个阶段准备的拉丁版本。科恩主要负责校勘工作，主要有三个版本：原稿、一本原稿的注释复印本、一本牛顿图书馆再版注释的复印本。柯瓦雷专门用了相当多的时间讨论如何能使最终版本取得最佳效果。

柯瓦雷谢绝普林斯顿高等研究院终身会员的职位。富尔顿是普林斯顿高等研究院理事会的成员，他认为柯瓦雷应该成为终身会员，他愿意为之付出任何努力。然而，他知道，理事会成员不能介入正常的学术活动。于是，富尔顿曾问科恩是否能推荐柯瓦雷，因为当时科恩非常有资格评价柯瓦雷在科学史方面的学术成就和其工作的重要影响。当然，科恩允诺了，力排众议，以确定他能得到任命。这个时候，这个职位对柯瓦雷而言异常重要。著名的普林斯顿高等研究院的这个职位比一个普通的职位对于柯瓦雷更有意义，因为他在法国大学的求职申请曾被拒绝。普林斯顿高等研究院研究员这个职位终于通过了。然而，柯瓦雷没有接受终身会员位置，因为尽管他想每年都来普林斯顿，但是他不想放弃在巴黎高等研究实践学院的职位。尤其是，不想放弃忠实于他的三个学生所组成的讨论组，这三个学生是：罗素神父（Père Russo）、迪巴勒神父（Père Dubarle）和科斯特贝尔神父（Père Costabel）。

三、科学思想史在美国科学史界的广泛传播者

在美国，众多学者如克拉盖特（Marshall Clagett）、奎因（W. Quine）等与柯瓦雷建立了深厚的友谊，同时他受到许多科学史家、科学哲学家的赞赏，如吉利斯皮（Charles Gillispie）、希尔伯特（Erwin N. Hiebert）、古拉克（Henry Guerlac）、鲍拉（Marie Boas）、霍尔（Rupert Hall）等。他的思想还吸引了一批新青年加入到科学史研究的行列，如默多克（John. E. Murdoch）等，他们在批判的基础上进一步发展了柯瓦雷的思想。所有这些，为科学史学科的建制与发展产生了深远的影响。最突出的就是后来库恩历史主义学派的兴起。

（一）科学史家、科学哲学家对柯瓦雷的赞赏

查尔斯·吉利斯皮（Charles Gillispie）是与柯瓦雷关系密切的重要美国学者之一。他们在普林斯顿与巴黎经常会面。吉尔斯皮很乐意承认他的学术成就归功于柯瓦雷。吉利斯皮在被赞誉的《客观性的边缘》（*The Edge of Objectivity*）一书的序言概论中表明，柯瓦雷使其对科学史概念有了很深的认识。[①] 这里，吉尔斯皮避开传统的编史学方法，而赞同研究思想的发展，强调科学思想和哲学、宗教、一般思想的关系。

奎因也是当代著名的学者。他们一家在高等研究所停留了一年的时间，后来奎因一家和柯瓦雷一家成为很好的朋友。奎因的儿子，年轻的道格拉斯（Douglas），甚至在穿过研究所到柯瓦雷家的路上用法语写下了这样的小诗："每天都要去，见柯瓦雷夫人。"[②] 尽管柯瓦雷非常尊重奎因，但是他并不喜欢奎因所标榜的分析哲学。

柯瓦雷一家和美国科学哲学家克拉盖特一家在克拉盖特随后到普林斯顿的访问中保持良好的关系，尤其是克拉盖特成为终身会员前的那些时间里。他对柯瓦雷的敬仰始于首次阅读他的《伽利略研究》时的那种激动。当时，他只是试图寻找一种满意的方式检验中世纪的力学，并与伽利略时期的力学进行比较。柯瓦雷对伽利略精辟的解读为他的工作提供了一个很好的出发点。特别是柯瓦雷关于14世纪的速度和空间的论文给克拉盖特留下非常深刻的印象。尤其是他对皮埃尔·迪昂（Pierre Duhem）轻信的质疑，因为迪昂曾强调，检验概念的全部语境时必须谨慎。克拉盖特说："首先，柯瓦雷最重要的影响在于，在哲学语境中仔细分析科学概念。"[③]

在美国，柯瓦雷的老朋友和敬仰者之一还有康奈尔大学的亨利·古拉克（Henry Guerlac）教授。尽管古拉克教授对拉瓦锡时代化学史的研究已经深思熟虑，完全没有受到柯瓦雷的影响，但是他对牛顿思想的研究表明，他直接受到了柯瓦雷的影响，这一点毋庸置疑。在古拉克的研究中很明显可以看到，他明白了牛顿的以太，形而上学的假设是牛顿的科学思想产生的重要背景。

霍尔是一位到美国做长期访问的学者（原印第安纳大学的教授），他曾多次

① Gillispie C. The Edge of Objectivity. Princeton: Princeton University Press, 1960.
　　Gillispie C. Éloge. Archives Internationales d'histoire des sciences, 1964, (17): 149-156.
② 原诗是：Tous les jours il faut aller/visiter Madame Koyré.
③ Cohen I B. Alexandre Koyré in America: some personal reminiscences. History and Technology, 1987, (4): 55-70.

表达了他对柯瓦雷的敬仰，特别在关于再访默顿的论文，明显受到柯瓦雷方法影响，他对科学革命的社会解读和科学解读做了比较研究。

杰拉尔德·霍尔顿（Gerald Holton）把柯瓦雷看作科学史上的英才之一，这在《科学思想的主要来源》（*Thematic Origins of Scientific Thought*）一书中有明显显现。霍尔顿提醒我们，要揭示文章背后的哲学问题。

尽管韦斯特福尔（R. S. Westfall）没有机会与柯瓦雷深入交往，然而他也是柯瓦雷的信徒之一。在对柯瓦雷的《形而上学与测量》所做的评论中，他表达了业内同行人士的心声，他认为，科学史研究中没有任何一本著作像柯瓦雷的《伽利略研究》那样深刻。韦斯特福尔在回应杰拉姆·拉韦茨（Jerome Ravetz）于 1981 年在《爱西斯》上发表的一篇论文中，阐明了柯瓦雷的立场和影响，他与拉韦茨的观点根本无法相容。拉韦茨把柯瓦雷看作保守而顽固的科学史家。他认为，柯瓦雷以狭隘的、教条主义的、矫揉造作的方式研究科学思想。拉韦茨不断地提到现代科学出现"可能的真实原因"和"真正的解释"，他贬低柯瓦雷的重要影响，他认为，不应该忽视柯瓦雷的这种影响。在对伽利略"理想主义者"的重新解读中，他否认伽利略的依据并不是通过社会语境分析，而是通过肯定他的实验。柯瓦雷虽然在美国取得了杰出的成就，但是他非常肤浅地主张把科学革命解释为一种几何化类型和力学思想共同作用的结果。这就导致年轻一代的科学史家，受他的影响不会很容易接受贝尔纳的"外史主义"。

（二）青年学者对柯瓦雷的仰慕与批判

研究柯瓦雷在美国的影响，富尔顿认为，一定不要将自己局限于很了解柯瓦雷或者受到其著作直接或间接影响的那些年轻或年长的学者。后来成为职业科学史家的许多人，柯瓦雷到美国讲学时他们还是本科生，他们也被要求阅读柯瓦雷的著作，年年如此。因而，他还要求多关注深受柯瓦雷思想影响的青年人。在深受柯瓦雷思想影响的青年人中，博厄斯（M. Boas）就是其中之一。她是古拉克的第一个博士研究生，以研究罗伯特·波义尔（Robert Boyle）和力学哲学而闻名。她在纽约的布兰戴斯大学举办了一个柯瓦雷讲座，通过整理柯瓦雷在霍普金斯大学做访问学者时的一系列讲座，特别是通过对柯瓦雷《从封闭世界到无限宇宙》一书敏锐而深刻的评论，广泛传播他的思想。在青年学者中，受到柯瓦雷强烈影响的重要代表人物之一是著名的科学史家库恩，他坦言，他的科学范式理论受到了柯瓦雷的强烈影响。

库恩在他的许多著作中表达了在他不断走向一名成熟的学者过程中柯瓦雷

的重要作用。库恩的《哥白尼革命》是纽曼（James R. Newman）在《科学美国人》中长期讨论的主题，纽曼认为这是"科学史研究转向的标志"，而《从封闭世界到无限宇宙》一书是"正统方法的例证"。他谴责柯瓦雷把牛顿、开普勒、伽利略、贝克莱和莱布尼茨看作逻辑的终结者（logic-choppers）。他甚至宣称，柯瓦雷的评论即没有提高也不能有助于读者对他的理解。对于柯瓦雷的这种批判，库恩认为，很有必要做出回应。他在给编辑的一封信中表示，尽管他敬重纽曼，也很感谢纽曼对他的善意，然而，对他而言，相对于任何其他学者，他的科学史方法受柯瓦雷影响最大。因此，他很吃惊和尴尬地发现，他的书被认为是"科学史研究转向的标志"，然而柯瓦雷例证了"正统方法"，而纽曼倡导科学史家使用的正是这种"正统方法"。柯瓦雷这种将科学史与科学哲学结合在一起的教学方式所产生的效应具有重要意义，许多科学哲学家与科学史家之间的隔阂得以在很大程度上化解，更重要的是，科学哲学家对科学思想史研究产生了足够的重视，特别注重对概念分析法、科学革命的研究，从而对后来库恩科学革命"范式"、科学社会学的兴起产生了直接的影响。库恩在其著名的《科学革命的结构》一书中直接表明，他受柯瓦雷思想的影响很深。赞贝利（Paola Zambelli）曾在一次巴黎大会上提出，柯瓦雷是一位社会知识论者。这一说法首先由艾拉卡纳（Yehuda Elakana）提出，她用以表明两点："一是对与默顿、特别是库恩的范式理论的方法论相一致的科学社会史家学术传统的传承，而这种传统源自柯瓦雷的思想；二是提出非常新颖的观点，语境中的科学。"[①] 这一观点一方面强调库恩对柯瓦雷思想的秉承关系，另一方面，也表明了科学社会学对其来源——柯瓦雷思想的进一步发展。

（三）对科学史建制的贡献

科学史在 20 世纪作为一门刚建立的学科，急需培养大量的科学史人才。虽然之前，有迪昂等对科学史的意义已经有过众多的阐释。但是，正是从柯瓦雷那里，科学史以思想史为主题才引起了众多科学史家、哲学家、科学家等诸多学者的兴趣。作为科学思想史标志的概念分析法更是吸引了大批科学史的追随者，并对一些著名的科学哲学家如奎因等的思想也产生了重大的影响。除了柯瓦雷科学思想史本身的独特魅力，柯瓦雷还积极通过广泛的学术思想交流、免费的语言培训，进一步壮大科学史的队伍。

① Zambelli P. Alexandre Koyré versus Lucien Lévy-Bruhl: from collective representations to paradigms of scientific thought. Science in Context, 1995, 8(3): 531-555.

柯瓦雷通过他的教学实践培养了许多科学史人才，这些学者地跨欧美大陆。因为柯瓦雷不仅是巴黎实践高等研究学院的教授，而且他还是美国著名学者精英们云集的普林斯顿高等研究院的研究员。这就有利于他的思想在欧美各著名大学里的传播。他周游美国、法国、意大利、比利时、埃及等国，在芝加哥大学、约翰霍普金斯大学、威斯康星大学、剑桥大学、开罗大学等众多名校通过做讲座来宣传他的编史学思想。在第二次世界大战爆发之前，他就曾是埃及开罗大学的访问教授。他不远万里，经过艰难的长途跋涉，三次前往那里讲学。第二次世界大战期间，为了重塑人们的理性思想，他还于 1942 年到剑桥的奥古斯丁协会做关于柏拉图的报告，1945 年在美国的哥伦比亚大学做讲座，宣扬柏拉图的理性思想。第二次世界大战结束后，他继续在欧洲与美国的大学里做了许多讲座，并开始到美国做一系列的学术访问。他还在芝加哥大学，霍普金斯大学与威斯康星大学取得了学术职位。在威斯康星大学的讨论课中，他的学生包括默多克（John Murdoch）、格兰特（Edward Grant）和格特丹（Geogre Goldat）等。这些学生都是柯瓦雷科学思想史忠实的追随者。他的学生克伦比（A. C. Crombie）曾坦言，柯瓦雷通过他一系列的出版物和个人影响激励了大不列颠的学者。希尔伯特（Erwin N. Hiebert）在芝加哥大学时第一次遇见柯瓦雷，当时是那里的一名本科生。他和柯瓦雷一直保持继续的联系。后来在威斯康星大学与芝加哥大学的讲座上再次遇见柯瓦雷。尽管他的研究领域与柯瓦雷最初的研究旨趣有很大的差别，但是他也是位深受柯瓦雷影响的科学史家。

柯瓦雷在第二次世界大战期间就敏锐地发觉美国学生进行科学史研究的一个重要现象，即他们不愿意去看原著，而是喜欢看翻译过来的著作。对于这一现象，他意识到语言这个关键因素。由于他的早期的科学史研究都是以法语来写作的，而美国学生大都只熟悉英语，这非常不利于他的科学思想史的教学与传播。因此，他在第二次世界大战时由流亡学者组成的纽约社会研究学院与高等研究自由学院一方面从事教学，另一方面还积极进行免费法语培训的工作。而此后，解决了语言障碍这个问题，科学思想史在美国迅速发展起来，并对后来历史主义与外史主义的兴起产生了重要的影响。

第三节　柯瓦雷科学思想史的发展

1950 年之后，柯瓦雷发表的重要文章表明，他对牛顿丰富而深刻的思想已经关注了很久。1951 年，他明确表示，不能再停留于牛顿思想的世界，而应该

从中探寻中世纪对形式的延续与对内容的猜想。这种理性主义只能诉诸研究 17
世纪的科学思想，研究冲力物理，[①] 研究这一思想假设与古代和中世纪天球所在
的同质空间崩溃的本质。[②] 这一年，他还拒绝了法国大学的候选人资格。同年他
还获得了法国科学院的 Binoux 奖。1952 年，他被国际科学史协会提名成为会员。

一、天文学革命研究

从 1951 到 1953 年，他研究了从中世纪的天文学到现代宇宙的概念，以及
从天球的崩溃到宇宙无限性的历史。后来的持续研究形成《从封闭世界到无限
宇宙》这一项标志性成果。该书的法语版本，由柯瓦雷亲自写书评并于 1962 年
出版。这本令人震撼的书闻名于世，在这里有必要加以评价。在前言部分，柯
瓦雷清楚地澄清他的目标。事实上，他注意到世界概念的本质变化，17 世纪
科学革命问题也许是带来两个基本概念，除了两者之间的紧密关系之外，就是
要理解天球的崩溃与空间几何化，也就是说已知世界的崩溃，空间结构所具有
的完美结构全部终结，空间的等级结构重新有规律地排列，沉重而不透明的
地上世界、发生变化的月下区与崩溃区之间的世界，替代为不确定的无限宇
宙，永不崩溃并发光的星星组成的天球，不再由自然等级与统一律来支配各个
部分，所有这些星体放在同一本体论层次上。对于 1957 年英译本的《从封闭
世界到无限宇宙》一书中无限空间中的形而上学思想，可以从库萨的尼古拉出
发到牛顿和莱布尼茨这一沿线来考察。回溯到 14 世纪上半叶，宗教科学部门
于 1948～1949 年的报告中，坎特伯雷大主教布拉得瓦丁（Thomas Bradwardine）
在《牛津人》（Oxonien）中表明对无限真空的思想的认识，如对于存在与神圣
行为，他认为，空间无限性不再是无限上帝的王冠。1949 年，发表在《中世纪
教义与文学史》（Archives d'histoire doctrinale et littéraire du Moyen Age）上关于
14 世纪无限真空与无限空间一文是的对伟大思想家研究的总结；基于天外空间
的推测，布拉得瓦丁的概念清晰地预示了牛顿学派的无限与非创造空间的概念。
在引用这一研究之前，柯瓦雷提出这样的问题，上帝的无限是反对绝对完美的
必要条件吗？对于新柏拉图主义者普罗提诺与圣·安瑟伦的上帝而言，问题回
答可能是否定的，创造本质上不完美是有限与无限之间对抗的一种形式，我们

[①] 冲力物理认为冲力是物体运动变化的动力，靠一种作用在此物体上的推力的聚合作用实现，冲力物
理学的重要代表人物有博纳米科（F. Bonamici）、贝内代蒂（J. B. Benedetti）等。

[②] Vignaux P. De la théologie scolastique à la science moderne. Revue d'histoire des sciences, 1965, 18(2): 143-
146.

无法构造一个无限的创造者。然而对这一问题，14 世纪的大师们从来没有否定回答过。柯瓦雷为中世纪无限性的辩护始于 1958 年的一次研讨会上。他与《瑞帕》（Jean de Ripa）的主编科姆贝斯（Mgr Combes）进行了讨论，结果是宗教、哲学与科学思想史研究具有相互依赖性，真正应该注重的是研究中世纪。1956年，克伦比（A. C. Crombie）在《第欧根尼》（Diogène）上发表关于现代科学起源的文章中，对此做了批判性解释。他指出，中世纪天文学走向现代科学的历程是一种演进还是一种革命，这两种观点一直存在于不同的史学家之间，矛盾的焦点不是中世纪的历史问题，而是现代科学的本质问题。这里，自然形成一种新的"数学本体论"，数学语言在实验中提出问题但同时也预设了问题的答案。1958 年，由于得到重要的牛顿手稿，柯瓦雷最终走向对牛顿天体力学原理的产生与演进研究。在研究得以实行之前，在几个世纪里这些手稿一直被私人收藏。[①] 要注意的是，此时柯瓦雷的这些研究已经变得越来越错综复杂，但是他也更加充满热情。

二、天文学革命本质研究

仅几年后，柯瓦雷已经不再研究 16 世纪和 17 世纪天文学革命中的宇宙主题，而转向深入研究革命本身，也就是概念的转变和演进的历史，而不是所强调解释的显而易见的混乱知识表象，这是研究天文学或认识现象的关键所在。对于天文学的研究，从引发天文学革命的哥白尼，接下来的开普勒，到波雷里（Borelli），牛顿功不可没。但是，柯瓦雷的《天文学革命》中对天文学革命的研究，重点关注牛顿《形而上学的数学原理》中的宇宙引力定律——统一天体物理与地上物体运动的定律。柯瓦雷认为，真正的革命不仅是哥白尼式科学革命，而是亚里士多德封闭世界观念的崩溃。

1958 年，他从事文艺复兴时期科学的研究，这些成果形成《科学通史》第二卷的初稿，基本上都是研究哥白尼的天文学革命。这一研究成果广为认可。因为它极其忠实于原始文献，并透视了著作中的关键问题。事实上，如果尼古拉、布鲁诺、哥白尼主要的思想转变不是在乔治·冯·佩尔巴赫（Georg von Peurbach）及其学生雷乔蒙塔努斯（Regiomontanus）、达·芬奇、杰罗尼莫·弗拉卡斯托罗（Girolamo Fracastoro）、阿米奇·卡萨吉尼尼（Amici Calcagnini）或

---

① Cohen I B.Alexandre Koyré In America: Some personal reminiscences. History and Technology, 1987,(4): 55-70.

者第谷·布拉赫（Tycho Brahe）的著作中提出，柯瓦雷就不会将揭示哥白尼思想在 14 世纪崩溃的第二部分放在这一章。很遗憾，柯瓦雷曾统一起来进行综合研究，但是他却没有时间以更加完整的方式研究这一丰富的史料。①

塞戈斯库（Pierre Sergescu）去世后，柯瓦雷于 1955 年被选举为国际科学史研究院（L'Académie Internationale d'Histoire des Sciences）的常任秘书，国际哲学学院（L'Institut International de Philosophie）的总秘书。②1956 年，他获得特权被奥本海默（Robert Oppenheimer）提名为普林斯顿高等研究院研究员。几年后，科恩有机会和高等研究院的主任奥本海默谈论柯瓦雷时，奥本海默非常感谢科恩引荐柯瓦雷，他认为，柯瓦雷是一位非常杰出的学者。1958 年，巴黎高等研究实践学院的科学与技术史研究中心（Le Centre de Recherches d'Histoire des Sciences et des Techniques）成立，柯瓦雷任主任。1959 年，拜耶（Raymond Bayer）去世后，柯瓦雷成为国际综合中心科学史部主任，科学史学会（History of Science Society）于1959 年授予他萨顿奖章。1961 年，出版《天文学革命》。同年，还获得科学史界最高奖项——萨顿奖。1963 年柯瓦雷替代加斯东·巴什拉成为科学史家组织法国组（Groupe Francais d'Historiens des Science）主席。

三、牛顿研究

在柯瓦雷美国学术访问期间，一件非常幸运的事情发生了。有一次，柯瓦雷应邀为耶鲁本科生做报告，通常对于这类邀请他总是欣然接受。在这一次作报告中，他遇到了富尔顿（John Fulton）。正是在富尔顿的带领下，他有幸参观了耶鲁大学医学院的历史图书馆，这里可是富尔顿、库欣（Harvey Cushing）和克勒伯（Arnold B. Klebs）的私人藏书馆。当时柯瓦雷已经沉浸于关于牛顿主题的研究之中。事实上，在柯瓦雷于 1942 年参加皇家学会纪念牛顿诞辰三百周年世界科学国际大会上就已经有了此想法，"对所有 17 世纪的伟大科学家的著作、信件的整体研究中唯一缺乏的就是牛顿，填补这一空白将是纪念这位伟人的最佳形式"③。机遇总是偏爱有准备的头脑，对于那些伟大的人物也不例外。富尔顿展示出胡克给牛顿的信，柯瓦雷被深深地吸引，他问富尔顿是否能以评论的形式发表信中内容。

① Taton R. Alexandre Koyré Historien de la revolution astronomique. Revue d'histoire des sciences,1965, 18(2): 147-154.
② Delorme S. Hommage à Alexandre Koyré. Revue d'histoire des sciences et de leurs applications, 1965, 18(2): 129-139.
③ Koyré A. Newton tercentenary celebrations（15-19 July 1946）. Isis, 1950, 41(1): 114-116.

那时，已有众多的学者再三恳求富尔顿，希望能发表此信，但富尔顿深深地被柯瓦雷的魅力和绅士行为所折服，加上柯瓦雷广博的学识与才干，他接受了柯瓦雷的提议。从此，就开始了科恩与柯瓦雷编写《牛顿研究》一书的第二次合作。①

科恩与柯瓦雷于 1956 年在佛罗伦莎、比萨、米兰召开的第八届科学史大会上已经开始讨论合作编写《牛顿研究》一书的可能性。柯瓦雷在 1962 年秋天就病倒了，后来被确诊为白血病。② 但是，在 1963 年夏天，他的病情有很大的好转，但是秋天时又恶化了，并且几乎已经没有康复的可能。③ 但柯瓦雷仍然继续他的科学史研究，这一时期他的成果有开普勒和波雷里对于理解牛顿的天文学和物理学，具有重要意义，而弗郎西斯科·博纳文图拉·卡瓦列里（Franeesco Bonaventura Cavalieri）的"不可分"思想是形成牛顿"第一动力方法"的基础。对于珍贵的牛顿手稿的复印本，他们会在每月的定期会面中加以分析，试图揭示牛顿思想的来源和发展，并找出与我们所准备的《自然哲学的数学原理》评论版本的不同部分与这些手稿的可能关系。这一系列杰出的研究成果逐渐浮出水面，最终被整理成书。④ 其中，柯瓦雷还分析了牛顿科学依赖笛卡儿哲学的关键问题。他特别强调，注意牛顿对"静止"（status）一词在陈述运动定律时的使用，所有物体保持静止（或者静止、或者匀速直线运动的状态），除非有外力作用。正是由于对静止这一概念的重新认识，牛顿才得出对运动的动态平衡（至少匀速直线运动）和静止的新认识。运动和静止有着绝对的差别，不管在绝对意义还是在特定的惯性参照系中，但是他们都与静止等价。这就找到了 17 世纪科学革命最重要的方面，即牛顿思想的源泉在笛卡儿那里！在牛顿的《自然哲学的数学原理》一书中，匀速直线运动被认为是静止。牛顿学生时代手稿的注释也表明，他阅读过笛卡儿的《哲学原理》。他宣称，惯性物理独立于亚里士多德的教条，运动是个过程，他坚持认为运动和静止一样是一种状态。因而，通过牛

---

① 柯瓦雷与科恩的首次合作是柯瓦雷用英语写了一篇论文，由科恩修改的关于"伽利略与柏拉图"的文章。他们第二次合作基于对罗伯特·胡克写给牛顿的一封未公开的信的研究。这一研究有两项标志性成果，分别是：Koyré A. Galileo and Plato[J]. Jounal of the History of Ideas, 1943, 4(4): 400-428. Koyré A.An unpublished letter of Robert Hooke to Isaac Newton[J].Isis, 1952, 43(134): 312-337.
② 克伦比（A.C.Crombie）在柯瓦雷去世前，最后一次是在医院见他，柯瓦雷还以他一贯的勇气和绅士风度向克伦比打招呼。克伦比对柯瓦雷的评论等见 Crombie A C. Scientific Change. London: Heinemann, 1963: 847-865; Koyré A. Les origins de la science moderne. Diogène, 1956(16):14-42; Koyré A. De la mystique a la science. Paris: Ecole des Hautes Etudes en sciences sociales, 1986: 216-221; Gillispie. C C, Dictionary of Scientific Biography. New York: Charles Scribner's Sons, 1973: 482-490.
③ Herivel J. Obituairy: Alexandre Koyré. The British Journal for the History of Science, 1965, (7): 257-259.
④ 柯瓦雷和科恩编写《牛顿研究》基于三个版本，第一个是最初的手稿，第二个版本是牛顿私人图书馆中的第一版，第三个版本是牛顿私人图书馆中第二版的批注本，当然还有其他牛顿做过批注或是修改过的本子，以及与牛顿的来往信件。

顿和笛卡儿文本的比较，根据某一特定单词的特殊使用及其相应的哲学内涵，就肯定了柯瓦雷的结论。就这样一步一步地揭示了牛顿这一陈述的来源。除了对柯瓦雷精湛分析的深刻挖掘，科恩后来还发现了进一步的证据。柯瓦雷在阅读牛顿和笛卡儿著作时，注意到他们都使用了一个奇怪的短语——Quantum in se est。牛顿从笛卡儿那里学会了这个短语，然而这个短评却不是笛卡儿创造，而是笛卡儿从卢克莱修（Lucretius）的一首有名的诗 De rerum natura 那里习得的。

1963 年 6 月在巴黎，科恩最后一次去看望柯瓦雷，他们用了一周的时间讨论牛顿问题。在后来的几个月，柯瓦雷完成了他的《牛顿研究》中论文的修改和扩充，检查了对法语翻译部分，并研究了科恩的修改意见。特别地，他们希望进一步地探索第三章中从假设到一般哲学的转变，科恩还提出另一个可能的奇迹和神秘特质的相关研究。遗憾的是，柯瓦雷没来得及完成这些预定的计划。尽管他们经常谈论，但是从来没有真正地在一起。后来由科恩完成这部书的评论任务。

1964 年 4 月 29 日，柯瓦雷在巴黎逝世。柯瓦雷的早逝，残忍地中断了更深入的研究，他不能继续对这本论著进行综合研究，他再也不能从科学哲学的角度来研究《自然哲学的数学原理》的作者。至少，使我们欣慰的是，《牛顿研究》的法语版本出版之前，其英语版本已在美国出现。同样，柯瓦雷与科恩合作，对《自然哲学的数学原理》的关键部分进行了精辟的评论与注释，使这些手稿与其评论相匹配。柯瓦雷去世后不久，牛顿《自然哲学的数学原理》的评论版本基本完成了，在印刷和最终的校勘和修订工作完成后，最终于 1965 年得以出版。在编辑这本书七年的时间里，柯瓦雷有一年的时间病得很重，在这些日子里，他还是与科恩深入而热情地讨论了牛顿。当然，对于牛顿、伽利略、笛卡儿等当时重要人物的评论，必定包含了柯瓦雷深刻的洞察力及其思想的影响。[①]这一版本代表着他思想成熟的阶段研究成果。

在他逝世后不久的一系列纪念他的论文中，他们都对柯瓦雷给予了高度的评价。[②]他的好朋友海林（Hering）认为，柯瓦雷的去世，使我们不仅失去了一位最优秀的思想家，同时，我们也失去了一个率真的头脑，它从来不会陷入庸俗的泥潭，也不会走向以自我为中心的另一个极端。[③]

---

① Cohen. I B. Alexandre Koyré in America: some personal reminiscences. History andTechnology, 1987, 4: 55-70.

② Costabel P. Gillispie C C. In memoriam. Archive international de'history des sciences, 1964, (17): 149-156, Russo F A. Koyré et l'histoire de la pensée scientifque. Archive de philosophie, 1965, 28(3): 337-361; Taton R. A. Koyré historien de la pensée scientific. Revue de synthèse, 1967, (88): 5-20; Belaval Y. Les recherches philoso-phiques d' A. Koyré. Critiques, 1964, (20): 675-704. Delorme S, Vignaux P, Taton R, et al.HImmage a Alexandre Koyré. Revue d'histoire des sciences et de leurs applications, 1965 (18): 129-139.

③ Hering J. In memorian-Alexandre Koyré. Philosophy and phenomenological research, 1965, 25(3): 453-454.

柯瓦雷科学编史学之
理想主义科学观

　　科学史界公认，柯瓦雷是与萨顿齐名的科学史大家。他的编史学思想对库恩历史主义的兴起产生了重要的影响。柯瓦雷之后，库恩的历史主义对后现代主义的兴起产生了直接影响。柯瓦雷与库恩的科学史思想建立在他们各自的科学观基础之上。柯瓦雷的科学观，具有明显的理想主义特征，而库恩的科学观具有历史主义特征，两者之间的根本差异在于他们源自不同哲学思想传统的影响。柯瓦雷的科学观深受欧洲大陆哲学传统的影响，其导师——现象学大师胡塞尔的科学观直接影响到柯瓦雷科学观的形成；库恩的科学观深受英美分析哲学的影响，在某种意义上印证了海德格尔对科学知识的态度。柯瓦雷与库恩的科学观的差异，表明了不同哲学传统影响下科学史研究路径的不同取向。对比两者科学观之间的异同，可以达到对西方科学史发展的哲学思想基础的本真认识，并揭示出后现代主义科学观产生的根本原因。

第一节　理想主义科学观的内涵

　　现代理想主义科学观可以追溯到古希腊时期，以亚里士多德为代表的这种"为科学而科学"的思想传承了古希腊的"学者传统"。理想主义科学观表现在科学"数学化"，通过自然的语言认识自然本身。然而在大科学时代，注重实用的功利主义科学观使理想主义科学观丧失了主导地位，而面对技术给人带来的负面影响，政治、社会等诸多因素对科学发展形成的严重制约，功利化的理想主义科学观趋向于回归理性主义。

一、古希腊"公理化"的理想主义科学观

理想主义科学观源自古时人们对完美的神的信仰。古希腊时的科学不断探寻世界本原。他们认为,终极的本原就是存在本身。因而,在希腊人的心中,这个存在本身就是神的存在。神是完美的化身,它集智慧与权力于一身。因而,神创造万物,完美的神创造完美而和谐的世界,人们将神顶礼膜拜。毕达哥拉斯学派甚至提出,一切现象和规律都必须服从数的和谐。他认为,球是最完美的图形,因而地球是圆形的。天体的运动也应该服从宇宙的和谐性。宇宙是一个大圆球,中心为一个火球,太阳、大地的行星围绕中心火球做均匀圆周运动,因为这种运动才符合神圣而永恒的天体的行为。

首先,理想主义的科学观首先表现为对待科学的理性态度。科学之本义是"学"与"知",它出于人类求知的本性。因而,科学本身具有理想主义特质。这可以追溯到古希腊的思想家那里。他们为理想的科学奠定了基础。柏拉图是一名理想主义者和理性主义者。柏拉图认为,知识是先验的,是先天固有的,而非后天的实践习得,这表明了柏拉图鲜明的理性主义特征。柏拉图的学生亚里士多德在区分科学与技术的基础上,提出了他的理想主义科学观。亚里士多德认为,在技术中只有"那些既不提供快乐,也不以满足必需为目的的科学"。[①]科学不是为了生计,而只是闲暇时从事的一种充满智慧的活动。亚里士多德的三段论形成了构建科学理论体系的基础。亚里士多德认为,知识源于我们的感官的感性认识。但亚里士多德并不否认人有理性,他认为,正是有了理性,人才能将不同的感官印象区分开来。但是他同时指出,在人的感官经验到任何东西之前,理性是完全真空的。虽然亚里士多德也承认人的理性,但是,这种理性不具有本体论地位。

其次,理想主义科学观是一种世界观。柏拉图的"理念论"认为,世界由观念构成,而理念构成物质。物质世界之外还有一个非物质的理念世界。理念世界是真实的,而物质世界是不真实的,是理念世界的模糊反映。柏拉图的现实世界是一个不完美的物质世界,在其背后隐藏着一个完美的"理念的世界"。理念是绝对永恒而完美的实在,甚至是唯一真正实在和完美的实体,而世界中的实在现象是不完美与暂时的反映。在亚里士多德看来,现实世界与理念世界完全分离。这表现在他们对"形式"的不同理解。亚里士多德认为自然界有因

---

① 苗力田. 形而上学. 北京:中国人民大学出版社,2000:7.

果关系的存在。他认为自然界有四种不同的原因，即"目的因""质料因""动力因""形式因"。柏拉图认为，一个事物的"形式"亘古不变，"形式"是一种存在；而亚里士多德指出，"形式"本身不存在，只是事物本身的特征，我们所拥有观念只不过是事物透过我们的感官后而形成的意识。

再次，理想主义科学观源于数学介入科学。虽然亚里士多德是柏拉图的学生，但他却是敢于公开批评柏拉图的人。他特别反对柏拉图哲学中自然数学化的观点。亚里士多德主义者认为，科学建立在经验的基础之上；而柏拉图主义者认为，科学知识建立在先验的基础之上。柏拉图主义者承认自然数学化，科学是由理念构成的，因而现实世界可以通过抽象的数学世界来把握，从而使我们的认识由模糊走向精确；而亚里士多德主义者认为，科学知识只能通过感觉和经验来认识，抽象的数学世界完全不同于现实世界。

最后，理想主义科学观表现为对完美的"公理化"数学的追求。公元前 3 世纪，古希腊的欧几里得进行了数学公理化的伟大实践，他的《几何原本》十三卷发表，标志着几何学逻辑体系的确立。古希腊的阿基米德还将数学与实验相结合，进行了力学公理化的尝试，得出了抛物线弓形、螺线、圆形的面积和体积以及椭球体、抛物面体等复杂几何体的体积。

理想主义科学观建立在科学的基础之上。亚里士多德在逻辑学方面提出的三段论，在后来西方文明发展的两千年之内，一直是唯一被承认的论证形式。他是物理学研究中进行经验考察的第一人。他提出，物体只有在一个不断作用着的推动者直接接触下，才能够保持运动。之后，这种"公理化"的数学体系逐渐与物理、天文学等科学体系相结合，形成科学"数学化"的趋势。

二、近代"数学化"的理想主义科学观

近代的理想主义科学观表现为科学"数学化"。中世纪以后，人们逐渐摆脱了经院哲学的束缚，科学从对神的关注转移到对人的关注。人们不再停留于对大自然的沉思，而是积极展开科学实验来研究自然。他们立足于自身的经验，试图通过精确的数学计算、严密的逻辑论证来实现对科学真理的认识。

近代理想主义科学观的数学化以伽利略阿基米德式的物理学为开端。阿基米德式的物理学是一种以"演绎"和"抽象"为主要特征、以数学假设为前提、以非现实世界中的抽象物体为研究对象、存在于不真实的几何空间中的物理学。据此，研究物理学的运动规律、落体定律等，无需涉及力的思想，也无需求助

真实物体的实验，而是通过思想中抽象、演绎的过程进行。亚里士多德非常理解不真实的几何空间，但是他不理解能够假定抽象的物体。柏拉图意识到了抽象物体的存在，但是他没有将抽象的物体引入科学研究。柏拉图主义者阿基米德确立了科学中抽象物体的存在，但是阿基米德本人没有在运动中建立抽象物体。在阿基米德学派的伽利略那里，伽利略所创立的动力学牢固地将抽象物体置于几何空间这一基础之上。伽利略运动学的基本原理——惯性原理就建立在阿基米德式物体这一根本的数学基础之上。"仅仅当秩序宇宙被欧几里得空间的真空的实在代替以后，当亚里士多德的普遍意义的物体的本性和性质被阿基米德的抽象物体所代替之后，空间才不再扮演一个物理的角色，并且物体不再由于它们的运动而发生变化。那时，它们不再受它们的状态的影响，并且运动将无限地保持。"[1] 正是由于物理学中真实空间被欧几里得空间化，真实物体被数学抽象化，对"运动"这一概念的认识，才脱离亚里士多德所认为的"运动需要力及其与物体直接作用才能产生"的窠臼，从而形成"并不是运动需要力，而是说物体运动状态的改变是由于力的作用"这一正确的认识。这样，在运动概念数学化、空间化过程中建立了正确的落体定律。

　　近代理想主义科学观数学化的确立以牛顿万有引力定律的形成为标志。自文艺复兴以来，开普勒的三个行星运动定律将天体运动数学化，伽利略的落体定律将地上物体的运动数学化，而牛顿的万有引力定律统一了天体与地上物体的运动定律并将之数学化，从而成功地建构起了经典物理学的理论大厦。开普勒的三大行星定律建立在第谷天文资料的基础之上。第谷在汶岛的观天堡，制作了许多的象限仪和六分仪不断提高仪器的准确性，精确地测定了777颗星体的位置。他的学生开普勒特别擅长数学，开普勒来到布拉格天文台工作后，在第谷珍贵的天文学观测资料基础上，认真计算分析了行星的运转轨道，在他的著作《新天文学》（1609）中提出了著名的三大定律的前两条：椭圆轨道定律（开普勒第一定律）和面积定律（开普勒第二定律）。椭圆轨道定律，即所有的行星分别在大小不同的椭圆轨道上围绕太阳运动，太阳位于这些椭圆的一个焦点上。这就解决了行星轨道的问题；面积定律，即太阳与行星的边线在相等的时间内扫过相等的面积。10年后，开普勒又得出了周期定律（开普勒第三定律），即所有行星椭圆轨道的半长轴的三次方与其公转周期的平方的比值都相等，用公式表达为 $T^2=Kr^3$。

---

[1] 柯依列. 伽利略研究. 李艳平译. 南昌：江西教育出版社，2002：56.

牛顿对开普勒三大定律及其原始数据进行仔细研究后发现，行星运动所遵循的三大运动定律都与太阳有关，他推测行星与太阳之间必定存在一种引力。牛顿由已知的六个行星的资料，首先证明行星指向太阳的加速度与其到太阳距离的平方成反比，即

$$\alpha = \frac{4\pi^2 r}{T^2},$$

根据周期定律，$T^2 = Kr^3$，有

$$\alpha = \frac{4\pi^2}{T^2} r = \frac{4\pi^2 r}{Kr^3} = \frac{4\pi^2}{Kr^2},$$

因为 $4\pi^2/K$ 是常数，则 $\alpha \propto 1/r^2$。

根据牛顿第二定律，则向心力 $F \propto 1/r^2$。牛顿根据地球与月心的距离是地球半径的 60 倍，与上面的向心力公式，可以推导出物体在月球上的引力是地球表面引力的 $1/60^2$。这从月球的向心加速度公式 $\alpha = 4\pi^2 r_{月地距离}/T_月^2$ 中得到了验证。这表明，行星与太阳之间的作用力与月球在其轨道上运动的力、地球表面的重力是同一种力，即万有引力。

牛顿假设太阳对行星的作用力与行星的质量成正比，则

$$F = \mu m/r^2,$$

行星对太阳的作用力与太阳的质量成正比，则

$$F' = \mu' M/r^2,$$

根据牛顿第三定律，$F = F'$，则

$$\mu m/r^2 = \mu' M/r^2,$$

令 $\dfrac{\mu}{M} = \dfrac{\mu'}{m} = G$，则 $F = F' = G\dfrac{Mm}{r^2}$，

将行星、太阳、地球、月球的这种作用力推广到宇宙的任何两个物体之间，即

$$F = G\frac{m_1 m_2}{r^2}。$$

这就得到著名的万有引力公式。

17 世纪，牛顿《自然哲学的数学原理》中提出万有引力定律，即任何两个物体之间都存在相互作用的引力，力的方向沿着两个物体的连线的方向；它的大小与两个物体质量的乘积成正比，与两者之间距离的平方成反比，万有引力定律是宇宙中最普遍的规律之一。由于牛顿科学的巨大成功，其力学被视为科学范式，化学、生物、甚至人文学科的经济学都纷纷效仿。牛顿科学的本质在于将物理科学数学化。柯瓦雷在《伽利略研究》中，从科学史角度出发，特别

强调物理学数学哲学化对于伽利略正确得出落体定律的重要性。今天，数学化的科学观在科学中仍然盛行，而数学在科学中的作用愈加明显，其在科学中的地位也越来越重要。数学化的牛顿科学对哲学的科学主义走向产生了重要影响。科学主义主张，"科学知识是追求真理和有效控制自然、解决社会问题的唯一有效方法和途径，并因此贬低人文主义"。①

三、现代功利化的科学观

理想主义科学观追求科学的完美性是与科学的功利性相对而言的。科学的功利性强调科学的实用性。20世纪初，美国实用主义的兴起，加上第二次世界大战的影响，科学的经济功能凸现，这两方面因素的结合，就导致功利化的理想主义科学观。

第一，实用主义的兴起是导致科学理想主义功利化的重要原因。实用主义的代表人物詹姆斯认为，实用主义是一种方法，即寻找出"理性""上帝""物质"等概念的价值，并作为经验来使用。他认为，"实用主义的方法不是什么特别的结果，只不过是一种确定方法的态度。这个态度不是去看最先的事物、原则、'范畴'和假定是必要的东西，而是去看最后的事物、收获、效果和事实"②。他们认为，理论作为人们改造自然的工具，其衡量的标准是有效与无效、经济与浪费，而不是正确与错误。这就将效用作为检验真理的标准，而效用体现于实际的操作过程中，也就是体现在实践过程中。在现实世界中，将效用作为检验真理的标准，这无疑是一种功利主义的表现。这种功利主义的世界观是现实社会的一种动力，这种观念体现了资本扩张时期人们在现实生活中追求成功的思想状态。

科学主义与实用主义相结合导致了唯科学主义。科学主义与实用主义相结合形成逻辑实证主义，逻辑实证主义的哲学来源是认识论的基础主义与本体论的自然主义。逻辑实证主义者认为，一切社会科学的问题都可以还原为自然科学的问题来解决，科学的知识体系是纯粹的逻辑分析的结果。这就走向了唯科学主义的极端。他们以科学作为衡量其他一切的标准受到了波普尔的证伪主义和奎因的"整体论"的责难。之后，科学主义放弃了对科学合理性的证明，而

---

① 魏屹东. 广义语境中的科学. 北京：科学出版社，2004：5.
② 詹姆士. 实用主义. 陈羽纶，孙瑞禾译. 北京：商务印书馆，1979：30-31.

转向为科学的合理性辩护。[①] 这在很大程度上削弱了理想主义的科学观。

第二，科学观的功利化是"大科学时代"科学发展的必然趋势。历史、社会的因素开始引入科学，历史主义从科学外部心理的、非理性的因素来研究科学的发展规律，而建构论则直接提出科学是由社会建构的，这就明显体现了科学的社会功利性。科学功利化的根源在于科学通过技术给社会所带来的巨大经济效益。大科学时代，科学表现出国家化与综合化特点。大科学时代，高精尖技术得到了迅猛的发展，人类对空间的探索技术也突飞猛进，特别是载人宇宙飞船、空间站等航天技术涉及多国之间的政治、经济与技术合作才能实现。科学的规模化与技术的集约化使科学的发展成为全社会共同参与的事业，积极开展科学技术交流，搭建国际交流平台，重视跨国合作已成为科学发展的主流态势，这些客观的现实表明，科学的发展需要国家力量的介入，科学客观上就要求国家力量的介入。政府通过制定相应的科技政策对科学研究加以控制，众多的经济、政治、军事等因素对研究导向的制约，使科学成为在当前激烈的国际竞争中占据重要地位的根本条件。这是导致科学无法实现价值中立的原因。

第三，理想主义科学观的功利化趋向于回归理性主义。科学的理性主义与实用主义相结合，在理论上导致了工具理性主义的膨胀。在实践层面，在社会上造成了环境污染、资源短缺、生态危机等严重后果。从工具主义来看，20世纪初，西方资本主义国家先后由自由资本主义阶段过渡到垄断资本主义、帝国主义阶段，资本主义的过度扩张，导致人们对效用的追求，从而形成一种实用主义的价值观。杜威甚至提出，真理就是效用。他从新康德主义出发来看待科学。他认为，科学的概念、理论、思想与方法，不过是人改造自然的工具。实质上，他是将人的理性思想作为改造环境的工具。过度的实用主义容易导致工具理性主义。工具理性超越了价值理性，取消了价值的合法地位，理性成了不受价值约束的绝对原则。

这样，一方面，人们利用科学技术能在更深层次上认识与利用自然资源；另一方面，在疯狂地掠夺自然过程中，生态环境也遭到了严重的破坏，水土流失、全球气候变暖等给人们的生存环境带来严重的威胁。更重要的是，技术的发展还引发了科学伦理问题。

随着人类认识认识水平的不断提高，可持续发展战略的实施，人们仍然还会趋向于回归理性主义。就科学本身而言，根据让·拉特利尔的观点，科学与

[①] 奎因的"整体论"将科学看成是人工的织造物整体。其中既包括微小的历史事件，也包括科学规律与纯粹的数学、逻辑。

技术是一个自组织系统，这个系统"自己构成自身，并在自身功能的基础上分化，它以自身的内在源泉来利用它与外部系统的相互作用……在这意义上，它又是自我取向的，它决定自己的演化方向"①。科学与技术的相互制约则意味着理想主义科学观不会一味地功利化，而是在功利化达到一定程度时将会出现回归理性主义的发展态势。

在 21 世纪初，由于科学技术在激烈的国际竞争中的重要地位，许多国家都加大了对科学技术研究的投入，科学技术的发展呈现出迅猛发展的势头。其中，克隆技术在生产移植器官、改良植物品种方面带来了巨大的经济效益，在医学与拯救濒危动物方面发挥了关键性的作用。克隆方面也产生了伦理问题，特别是以克隆人为目的的生殖性的克隆更是遭到激烈的反对。众多的科学家、哲学家、伦理学家以至国家首脑都参与到这一事关人类命运的论战之中。克隆技术作为高新技术向伦理学提出了新的挑战，然而，伦理道德不应该成为科学发展的障碍，而是引导科学向健康的方向发展。我们应该将以治疗为目的的克隆技术与以克隆人为目的的克隆技术区别对待，支持治疗性克隆，反对生殖性克隆。这种态度也是一种理性主义回归的表现。

第二节　柯瓦雷的理想主义科学观

柯瓦雷的科学观是理想主义科学观，这与他坚定地将科学作为一种理性事业的信仰密不可分。他的科学观深受胡塞尔科学观的影响，根源于柏拉图的理念论。柏拉图认为，实在首先是一种理念。"实在是对理念的或多或少完全的分有。"②其次，人的理智可以认识实在。最后，理念世界是对实在世界的一种"分有"的超越。理念世界不是对实在世界的绝对超越，而是参与到生活世界中来的"自然"。实在只是依靠"分有"超越的理念世界而存在，而其一旦存在，也只能作为人的理智可以用规律来把握的一个有系统的整体而存在。在欧洲大陆哲学理性传统中，现象学大师胡塞尔的科学观继承了柏拉图的理念论，但在此基础上又有所批判。

① 让·拉特利尔. 科学和技术对文化的挑战. 吕乃基等译. 北京: 商务印书馆, 1997: 47.
② 胡塞尔. 欧洲科学危机和超验现象学. 张庆熊译. 上海: 上海译文出版社, 1988: 27.

一、科学是一项理性事业

科学是一种理性的生存方式，因而也是一种实在。理性是西方思想文化的核心，其渊源可以追溯到古希腊时期的哲学。即使在所谓的"黑暗"的中世纪时期，从巴黎的唯名论与唯实论的争论到托马斯·阿奎那的学说都透露着一种理性精神。在古希腊时期，理性的起源有三种看法：一是赫拉克利特的逻各斯（Logos）；二是阿那克萨戈拉的努斯（Nous）；三是理性灵魂的认知功能。逻各斯指自然的规律、尺度、神意等。"努斯"在阿那克萨戈拉的哲学中是指作为理性的心灵。相对于非理性灵魂而言，理性灵魂的功能是对与非理性灵魂相对而言它的对象是认识"理性"的认知，是与感性、本能相区别的认知功能，在西方表现为逻辑的进展。对"理性"的这三种看法在理性概念的发展中均保留了下来。按照柏拉图"实在是一种理念"的说法，科学也是一种理念。胡塞尔在此基础上进一步解释了科学概念。科学是一个有层次结构的真理体系，分为三个层次，最高层次的科学是与实在现实有关的科学，这些科学叫具体科学；第二个层次的科学是纯粹数学科学，它们与现实无关，并且仅被看作纯粹观念规定的载体；处于最基础层次的科学是作为严格科学的哲学，在这种意义上，它是一门关于科学的科学，因此可以最确切地被称之为科学。最基础层次的科学是其他层次科学的最终基石。柯瓦雷进一步发展了胡塞尔的科学理念。

首先，柯瓦雷的世界是史诗一般的理性世界。与胡塞尔一样，柯瓦雷特别崇尚科学理性，在作为一种理论的基础上，将科学作为一项事业而职业化。对于科学的内涵，柯瓦雷将科学分为两个系统，即科学系统本身与科学的认识论系统。这样，科学知识就有两个维度：一是构成科学的知识，属于科学系统本身，二是对科学的描述与解释，属于科学的认识论系统。与之对应的科学主体也有两类：一是从事对科学知识本身研究的科学家，二是对科学知识进行描述与解释的学者，主要是科学史家。他也强调哲学在科学中的重要作用。与胡塞尔不同的是，柯瓦雷将哲学的地位上升至与科学等同。而胡塞尔将哲学置于最高地位之科学的基础地位。柯瓦雷还主张，科学是一种具有内在进步性的事业。在他的《伽利略研究》一书中，柯瓦雷还提出，科学不是不断演进的，而是革命性的，17世纪的科学革命是现代科学的起源。后来的劳丹也从确立科学认识的目的角度，阐明科学真理的实现也只是一种理想，是一个"乌托邦"。[1]

---

[1] Laudan L. A confutation of convergent realism. Philosophy of Science, 1981, 48(1): 19-49.

其次，科学与价值无涉。理性可以分为工具理性与价值理性。工具理性是指以能预测后果为条件来实现目的的行动能力。人类的工具理性在当代社会特别是西方社会有了长足的发展，其突出表现之一就是高新技术日新月异的迅猛发展，技术已经成为人类生活须臾不可或缺的要素。价值理性是指人类不计后果、凭借主观信念从事某一活动的能力。价值理性表现为主体根据某种主观理念，不顾及其社会实践的后果而完成某种行动。柯瓦雷一生都坚持科学理性的信念，他认为，科学的价值在于对客观真理的把握。胡塞尔对此有更为明确的表述。胡塞尔认为，真正的科学是对于真理的认识，"理性是最终被赋予一切被认为的存在物，一切 事物、价值、目的以及意义的东西，即赋予一切事物、价值、目的与从哲学以来的真理"①。

再次，外在的社会因素对科学的影响可以忽略不计。对于影响科学外在的社会因素，柯瓦雷也排斥社会因素对科学的"干涉"。也就是说，他只是忽略社会因素的作用，强调哲学与宗教对科学的影响，但是忽视社会因素的作用。柯瓦雷的这一思想是对他的老师胡塞尔思想的继承和发展。关于社会对科学影响的看法，胡塞尔排斥一切外在因素的作用，他不仅排斥社会影响科学的观点，也排斥心理学影响科学的看法。胡塞尔说，"科学首先是一个人类学上的统一的词，即一种思维行为、思想气质以及某种相关的外在情况的统一。但是，我们这里并不关心那些导致这种整个的人类学上的统一的东西，尤其是那些造成它成为心理学上的统一的东西。我们的兴趣毋宁在于那种使科学成为科学的东西，可以肯定，它既不是它的心理学联系，也不是思维行为适合于其中任何真实语境的联系，而是一种客观的或观念的联系，它给予这些行为一种统一的相关物中的观念的有效性"。

科学必须排斥外在因素的干涉，才能保证科学世界的自由存在。柯瓦雷还指出，科学活动仅与科学本身有关，而与科学家的旨趣、价值观、语言习惯等无关，科学发展的动力是科学家的求知欲，是满足人类的好奇心。因而，科学的发展与"生活世界"无关，不是为了现实物质生活的享受。

最后，科学必须与哲学相结合。柯瓦雷指出，对科学的理解必须置于哲学与宗教的历史语境中，社会对科学的发生与发展影响很小，以至于可以被忽略。科学最初从哲学中分化出来，在此意义上，可以将科学和社会的关系还原为科学与宗教的关系："在一个密闭空间中的哲学史与宗教史，宗教史中常常包含

---

① 胡塞尔. 欧洲科学危机和超验现象学. 王炳文译. 北京：商务印书馆，2001: 23.

哲学史，它们互相促进，又互相抵制。比如，基于现代科学、经典科学、中世纪神学研究中一系列概念主题的思考表明，这种联系不能掩盖其中的对抗，反而给予彰显。"[1] 在《伽利略研究》中，柯瓦雷围绕"运动"这一概念，将历史时间语境与历史空间语境相结合，分析了以亚里士多德、奥雷斯姆、伽利略三人为代表的物理学不同的发展时期"运动"概念不断完善的过程，重点讨论了伽利略、笛卡儿、贝克曼等从不同角度对"落体定律"的认识，突现了伽利略对"运动"概念的正确洞见，以及惯性定律等思想的形成，达到对17世纪科学革命所带来的变化的认识，即空间的几何化与宇宙的消失。

二、理念世界是实在世界的数学化

胡塞尔通过将理念世界数学化实现理念世界与现实世界的联系。理念世界通过数学化而具有类似实在世界的"感觉"，正是数学使科学与实在分离，形成空洞的科学，这就导致欧洲科学危机的形成。胡塞尔认为，超越主体的那种有效的、真实的、客观的存在是纯几何学和一般关于时空的纯形式的数学。纯几何学和关于时空的纯形式的数学具有普遍有效的自明性。科学家殚精竭虑地进行这种"纯形式的"行动本身就使这种"单纯的信念"具有了"内容"，使那个悬于所有生活世界之外的超越的理性世界变得富有"感觉"或意义[2]。

1. 柯瓦雷将理念世界作为数学化的目标

这一点与他的导师胡塞尔正好相反，胡塞尔将与实在世界的联系作为数学化的目标。胡塞尔认为，数学隶属于最高地位的科学与基础地位的哲学之间的中间层次，数学使科学在纯形式化中富有意义。柯瓦雷将数学看作一种工具，数学只是对数理定理的证明。从新实证主义角度，杰莫拉特（Ludovio Geymonat）也赞同数学的"工具"主义观点。[3] 柯瓦雷认为，理论先于实验，这就导致数学在理论形成过程中缺乏独立性。他强调思想实验的作用，而认为培根式的工程师的实验"在科学史中的作用几乎可以忽略，经典物理的结构不是工程师的实践活动……培根式的工程师通过经典物理所表达的图像，在他的头脑中其实只是力学的图像。17世纪物理学的其他分支，如光学，空气力学，声

---

① Vignaux P. De la théologie scolastique à la science moderne. Revue d'histoire des Sciences, 1965, 118(2): 143-146.

② 胡塞尔. 欧洲科学危机和超验现象学. 张庆熊译. 上海：上海译文出版社, 1988: 28.

③ Geymonat L.Galileo Galilei. Torino: Einaudi, 1957: 20.

学，这些都是物理中科学革命的广泛组成部分，很明显可以得到，没有史学家会把科学发展看作纯数学思考和概念转换的结果，而不重视实验的作用"①。

2. 理论的形成要经过实验的数学化过程

对于实验与理论关系，柯瓦雷认为，实验没有独立形成理论的作用，只有经过数学化的实验，才能指导理论的建立。伽利略大胆猜测，物体越重则下落越快这一观点是错误的，物体的下落自由落体运动应该是一种简单的运动，落体的速度与时间是成正比的。"正如我们所知，伽利略的大胆猜测为自由落体定律的发现奠定了重要基础，而后来的实验也证实了伽利略的理论洞见。"②尽管柯瓦雷意识到实验在物理学史中的重要性，但是他认为，其重要性仅在适当的数学结构中才适用。向自然询问的实验方法，询问时所提出的问题中就已经预设了问题的答案。这样，实验就会被语言所控制。经典科学向自然询问时，如果换之以一种数学化的语言，更确切地说是几何化的语言，就可以解决这一问题，避免语言对实验的控制。也就是说，经典物理学向几何语言的转变，本身就是形而上学态度转变产生的结果，这种逻辑转变必须先于实验转变。因此，不管实验如何介入物理，一定要在数学化过程之后。

3. 理念世界游离于实在世界之外

柯瓦雷的科学世界是理念世界。柯瓦雷只承认理念世界，而对实在世界的"粗暴干涉"，持漠视态度。理念世界拒绝接受实在世界的"粗暴干涉"。理念世界"分有"实在世界，而不再如柏拉图的理念世界那样具有优越性。理念世界对实在世界的"粗暴干涉"持拒绝接受的态度。科学的方法和态度，哲学，无非是一种理性的生存方式，它拒绝接受外在的自然界或必然世界对自己"生活世界"的粗暴干涉，而是要通过对过去经验的反思，对生活经验的总结，渐渐使自己成为一个不受外在的必然规律任意支配的自由存在。胡塞尔的科学观被他的学生柯瓦雷所继承，在此基础上开创了科学思想史学派。柯瓦雷的科学观呈现明显的理想主义特征。

柯瓦雷的理想主义科学观认为，科学世界是与现实无关的一个理念世界。这表现在他对经典物理学基本特征的认识上。柯瓦雷对近代科学形成过程研究中发现，经典物理学建立在理性化过程中，即对自然规律进行几何化、空间化、

---

① Hall A R. Alexandre Koyré and the scientific revolution. History and Technology, 1987, (4): 485–495.
② Koyré A. Spiritus et littera. Isis, 1944, 35(99): 29–33.

数学化的过程。这一过程是对欧几里得空间中的抽象物体研究，而不是对现实世界中真实物体的研究。在运动问题中，根据"自然运动物体的速度与物体离开初始位置的距离以相同的比例增加"这一原理，可以推出在相等的时间内物体所通过的距离之比等于从1开始的奇数之比。据此，物体从A点下落通过ABCD（图2-1），C点与B点速度之比等于CA和BA距离之比。由此，根据DA的距离比CA的距离增加多少，则D点的速度也比C点的速度增加多少。柯瓦雷认为，伽利略的逻

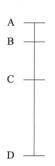

图2-1　物体从A点到D点下落中速度与距离的关系

辑是通过落体规律研究运动的本质特征。他的认识论不是实证主义的，不是通过公式方程计算可观察和测量的落体现象中下落物体通过的距离与时间的数量关系，他将这一规律当成事实，不是验证规律，而是通过这一规律研究运动的本质特征，即什么是运动，运动是状态还是一种过程，其中，力是维持物体运动状态的原因还是改变物体运动状态的原因？如此等等。这种演绎完全是与现实世界无关的，在现实世界找不到完全精确的距离与时间的数量关系。因为除了测量误差之外，还存在空气阻力等忽略不计的问题。

4. 数学化的理念世界忽略了人的位置

柯瓦雷在一定程度上继承了他的导师胡塞尔的某些思想，例如，他也赞同这一观点，即科学的理念世界完全脱离了丰富多彩的实在，变成抽象的、无具体内容的理性世界。而且，胡塞尔试图通过纯形式化的数学来充实科学的内容，以拯救欧洲的科学危机，从而拒绝接受对实在世界的"粗暴干涉"。柯瓦雷同时也指出，这种方法使牛顿理论获得了巨大成功。牛顿理论通过科学数学化构建了一个理念世界，使人们的物质生活发生了明显的改观，但是，作为主体的"人"却消失了。柯瓦雷的"近代科学打破了天与地的界限，把宇宙统一成了一个整体。这是正确的。然而，我也说过，这样做也是付出了代价的，即把一个我们生活、相爱并且消亡于其中的质的可感世界，替换成了一个量的、几何实体化了的世界。在这个世界里，任何一样事物都有自己的位置，唯独人失去了它"[①]。

柯瓦雷理想主义科学观，与他的导师——现象学大师胡塞尔一样，深受欧

① 柯瓦雷. 牛顿研究. 张卜天译. 北京：北京大学出版社，2003：17.

洲大陆哲学传统的影响，特别是受笛卡儿理性主义传统的影响，而胡塞尔对他的影响更是最为直接和深刻的。但柯瓦雷的理想主义科学观也与他个人的教育背景密不可分。虽然柯瓦雷出生在俄国，但是他是法国人，他在法国接受高等教育，他不仅跟随胡塞尔学习哲学，还师从希尔伯特学习数学，而他的数学研究也偏向哲学方面。这与他能认识到哲学与数学在科学中的重要作用密不可分。

总之，柯瓦雷理想主义科学观，赋予科学以革命性，使科学在科学与哲学的历史语境中被给予思想意义，但是也呈现出明显的缺陷。他的科学理念世界与实在世界完全脱节。库恩以来的科学哲学，已经逐渐认识到作为表象的科学的不足，而转入对实践的科学的研究。这就导致了库恩历史主义的兴起。

第三节　柯瓦雷与库恩科学观的比较

在西方科学史发展进程中，柯瓦雷的理想主义科学观与库恩的历史主义科学观不是孤立的，而是既有联系又有区别，他们之间的不同凸现了科学史学科发展中存在的一些根本问题。

一、库恩的历史主义科学观

库恩历史主义所倡导的科学观，是对海德格尔在亚里士多德存在论思想基础上形成的科学认识态度的呼应。根据亚里士多德存在论的思想，如果将形而上学作为科学的一部分，则科学应研究"存在者"的存在与"存在"本体。一方面，分门别类的科学所研究的是各种"存在者"的存在，而形而上学研究的则是"存在"本体；另一方面，各种"存在者"的存在"分有"形而上学的"存在"本身。"依据我们所由建立理念的诸假定，不但该有本体的形式，其他许多事物（这些观念不独应用于诸本体，亦应用之于其他，不但有本体的学术，也有其他事物的学术；数以千计的相似诸疑将跟着发生），但依据形式的主张与事例的要求，假如形式可以被'分有'，这就只应该有本体的理念，因为它们的被'分有'并不是在属性上被'分有'，而是'分有'了不可云谓的本体。"[1]

海德格尔对科学的理解建立在他对古希腊，尤其是亚里士多德存在论的基础之上。第一，海德格尔强调科学本体的"在世存在（In-der-Welt-sein）"，属于

---

① 亚里士多德. 形而上学. 吴寿彭译. 北京: 商务印书馆, 1997: 25.

亚里士多德本体的存在的范畴。第二，海德格尔指出，应该通过澄清此之在的存在者层次实现对"存的开显（Eine Lichtung im Sein）"过程的把握，指明存在者沟通"存在（Sein）"本体的方法，而不只是如亚里士多德那样，只是表明存在者与"存在"本体的差异。第三，海德格尔的这一结论针对目前科学中出现的各种"存在者"的存在与形而上学的"存在"本身相分离的现象所提出的。基于空洞的、无世界的概念构架而展开的"科学"，海德格尔指出了哲学的对策：澄清此之在的这一现象意味着对此在基本建构即在世的浅近阐释。阐释工作从存在者层次上及存在论层次上标识出周围世界之中上手和现成在手的事物起步，进而崭露出世界的内在性质，从而使世界的内在性质得以视见。这也验证了他的观点，科学经验是此在（Dasein）的本源性历史经验。

从英美分析哲学角度，库恩的历史主义科学观将科学作为一种实践活动，印证了海德格尔在亚里士多德的存在论基础之上对"在的开显"过程的把握。库恩认为，知识的主体现在是有血有肉之躯的、实践地与世界发生关系的人，我们的思维的产物总是带有我们的目的与谋划、激情与兴趣的抹不掉的痕迹①。这种科学观的根本特征是科学具有非理性、主体性、非进步性、社会性、功利性等。

（一）科学是一项实践活动

库恩认为，科学是一项实践活动，而实践活动必然与实在世界相关。这就使科学走向另一个极端，即海德格尔所强调的本体的"在世存在"。而这种实践活动，或者说是"在世存在"，绝离不开社会因素，科学活动受到主体及各种社会因素的影响。因而，对于科学的内涵，库恩也纳入社会因素。他认为，科学知识有三个维度：一是构成科学的知识，属于科学系统本身；二是对科学的描述与解释，属于科学的认识论系统；三是社会对科学活动的作用，属于科学的社会系统。与此相应，科学的主体也有三类：科学家、科学史家与公众。

科学活动受到社会因素的制约。科学在历史、政治、经济与文化中等社会活动中才能被理解。对于科学的理解，必须在历史的场景中把握历史的形象，在文化与实践中理解科学。库恩通过将"澄清此之在"的抽象概念引入社会学、语言学、心理学等方法，使得这一概念在"公众"中普适化。任何阶段的自然科学都基于一套概念体系，这些概念来自他们直接的祖先。因而，科学是根植

① 何兵. 科学与人的此在——从库恩与海德格尔的科学观变革来看. 自然辩证法研究，2005, 21 (10): 55-58.

于历史文化的产物，因而，还有必要引入历史学家和人类学家的方法理解才有可能使得科学被受众深刻而全面地认识。

（二）科学的非理性因素

库恩重视直觉、灵感等非理性因素的作用，他强调科学理论的非理性因素的影响。库恩也如海德格尔一样，认识到科学数学化所产生的严重科学危机。对于这一问题的解决办法，他的视角、路径与海德格尔截然不同，导致不同的解。海德格尔只是从科学内部出发，给出了哲学的解。对于摆脱这一危机的路径，库恩不是从科学内部出发，而是从科学的外部因素出发求解，特别给出心理学的解释。他认为科学的发现不是靠逻辑，而是来自科学家的灵感，科学受到科学家个人因素的影响，不可避免产生主观性；心智并非白板，它受到理论和社会的影响，因而科学是非理性的。正是基于科学理论的非理性特征，他摒弃了传统的逻辑实证主义方法，认为科学理论不是通过是科学实验与数学方法形成的，而是由科学共同体建构的。在此基础上，库恩提出著名的"范式"理论，强调科学新旧范式理论的更替，认为科学的发展是范式的形成和科学共同体不断交替的过程。科学革命是"范式"转换的结果，而范式之间具有"不可通约性"。

（三）科学与价值有涉

库恩否认科学是价值中立的。库恩指出，科学并非是价值中立的，因为它与功利主义、实用主义有关。在海德格尔看来，如果一门科学与作为西方人生存之根的"存在"问题脱了节，它从根本上没有多大意义，因为它无法唤起"此在"深处的本真的求知热情，因而从根本上无法"存在"起来。"所以存在问题的目标不仅在于保障一种使科学成为可能的先天条件（科学对存在者之为如此这般的存在者进行考察，于是科学一向已经活动在某种存在之领会中），而且也在于保障那使先于任何研究存在者的科学且奠定这种科学的基础的存在论本身成为可能的条件。"[①] 而这种将"存在"看作科学研究的根本价值之所在，正是库恩历史主义中讲求科学实用性本质的体现。科学发展的动力是利益的驱动，科学家从事实验的选题、筹措经费等方面，都是在限定的条件、旨趣与立场中进行，这必然导致科学的功利性。科学知识同意识形态一样由个人和社会的价

---

① 海德格尔. 存在与时间 [M]. 陈嘉映，王庆节译. 北京：生活·读书·新知三联书店，1999: 13.

值与利益选择所决定的；科学实践绝不是一种完全排除人的主观因素、不受经济与文化等社会因素影响的纯粹理性过程；在范式选择方面，科学家个人、科学共同体的主观因素、价值规范具有更高的权威性。这样，科学知识就陷入相对主义、主观主义的泥潭，使科学知识的合法性、权威性遭到后现代主义的质疑。

库恩历史主义的科学观的形成与他的科学素养密不可分。他对皮亚杰格式塔心理学的关注，使他能从心理学角度解读科学的非理性因素；沃夫的著作给他提供了语言对世界观的理论指导作用；对他能从语言学角度提出范式概念来解释科学革命产生重要影响；弗莱克的著作使他意识到需要把对科学的理解置于有关科学的社会学之中，从社会整体理解科学。

库恩的历史主义科学观的兴起，在西方科学史发展进程中，是对柯瓦雷的理想主义科学观的某种传承，而两种科学观之间的差异性所产生的张力则是后现代主义科学观产生的根源。

二、柯瓦雷与库恩科学观之间的张力

柯瓦雷与库恩科学观之间的张力揭示了科学史研究中的一直以来颇受争议的问题，主要表现为以下三个方面。

（一）理念与实践之间的张力

理念与实践之间的张力问题是科学史研究中的基本问题之一。理念与实践之间的张力在历史学中表现为形式与理性之间的张力。在皮尔逊看来，形式的历史是理性介入历史的基础，它通过语言、遗迹、文献等形式说明某一历史事实的形成过程；理性的历史则是作者通过阐释史料选择、历史观、编史学方法等，旨在分析其中某一特定阶段的特殊原因。罗宾·柯林伍德（R. G. Collingwood, 1889-1943）强调，历史研究的意义在于通过历史史实透析出其中的思想。而历史史实中思想的提炼，就需要有逻辑、历史的分析，这就离不开理性的介入。只有这样，才能达到"史料与理论比翼齐飞、学术与思想圆融一色的境界，以彰显历史的智慧和魅力——历史的教训可以使我们避免重蹈覆辙，历史的经验可以使我们明察现在和展望未来。不用说，这一切都是在立足史料、尊重史实的基点上完成的"[①]。

---

① 李醒民. 科学编史学的"四维时空"及其张力 // 郭贵春. 走向建设的科学史理论研究——全国科学史理论学术研讨会文集. 太原：山西科学技术出版社，2004.

理念与实践之间的张力问题反映了柯瓦雷与库恩科学观最根本的不同。柯瓦雷的理想主义科学观的本质是强调科学作为一种理念，库恩的历史主义科学观的本质则是强调科学的实践性。这表现在各自对科学组成体系、科学主体、科学特征的不同认识。对于科学的组成体系，作为一种理念，柯瓦雷强调科学自身系统与认识论系统，而在实践层面，库恩在科学自身系统与认识论系统之外，还加入了社会学系统，因为实践是在社会中进行的。对于科学的主体，在柯瓦雷看来，与研究科学自身系统与认识论系统相对应，科学也有两类主体：科学家与科学史家。而库恩提出，根据他的社会学系统，在科学家与科学史家两类主体之外，还应考虑公众意识的影响。

（二）理性与非理性之间的张力

在科学史中理性与非理性之间的张力表现为原始材料的取舍与增删、解释历史材料的公正客观与合理性、理论框架的选择等多方面。例如，是否伽利略发现了自由落体定律，柯瓦雷和迪昂对史料的取舍和解释存在不同的观点。柯瓦雷对运动物体的速度与它所通过的距离成正比这一动力学基本原理是否由伽利略发现进行了理性分析后，他认为有理由相信伽利略提出了运动物体的速度与它所通过的距离成正比这一动力学基本原理。但是，迪昂基于不同的史料和认识，提出这一原理不是伽利略发现的，正确的原理是相等的事件间隔内下落物体的距离比成奇数（1：2：3：4：5…），该原理是由达·芬奇发现的。迪昂进一步提出，事实上，根据这一基本原理根本得不出伽利略本人发现了落体定律，与伽利略同时代的人之所以没有发现伽利略的错误，根源于他将其论证建立在当时先驱人物——贝内代蒂的思想之上。

贝内代蒂假设以亚里士多德的宇宙哲学物理学为理论基础。他认为，因为物体在本性上具有向自然位置运动的倾向，压力越大，物体就越是作自然运动，而且下落物体本身包含运动和原因——向自己的合适位置运动的倾向，而在外部运动只能靠力的作用，所以物体不断接受新的冲力，从而使下落速度不断增加。贝内代蒂在他的《各种数学和物理学思想》（*Various Mathematical and Physical Ideas*）中写道："亚里士多德不应该认为物体越接近它的目标就下落越快。"[①]这似乎又与亚里士多德的宇宙哲学物理学相悖。为此，塔塔格里亚（Niccolò Tartaglia）首先将起点引入运动，每一个等重的物体在自然运动中，离

---

① 柯依列. 伽利略研究. 李艳平译. 南昌：江西教育出版社，2002：65.

开它的起点越远或者越接近其终点，它将运动得越快。他以接近目标和离开起点的等价性观点代替亚里士多德的假设。这表明，关键在于它与初始点的分离而不是其接近终点的情况。这使物体的运动与它所指向的目标的思想分开成为可能，并产生极其重要的结果：运动物体的运动完全取决于过去的状态。

对于运动，贝内代蒂认为运动是包含在运动物体内部的力（冲力）作用的结果，他既坚持亚里士多德的宇宙哲学物理学框架又反对亚里士多德的观点。贝内代蒂思想的模糊性足以解释他的不一致性和非连续性。贝内代蒂思想模糊的原因是"亚里士多德的传统迎合了法国人的传统（冲力物理），而且因为另一个更接近的阿基米德物理建立在亚里士多德的传统和法国人的传统（冲力物理）基础之上"。对于这种思想的模糊性，在法国思想传统熏陶下成长起来的迪昂十分肯定和赞赏。迪昂认为，思维正是通过由模糊走向清晰而不断进步的。

与库恩相比，柯瓦雷也认识到经验数学化导致生活世界的消失。柯瓦雷回避了这一问题，坚信自己的理性世界，而库恩则通过科学社会化消解了这一问题。库恩引入社会学、心理学、语言学等方法，从科学家的非理性因素、科学共同体对科学标准的一致性裁决与社会因素对科学发展的影响等诸多方面，来使科学"开显"生活世界。柯瓦雷的理想主义科学观强调科学真理具有客观性，强调逻辑方法，而库恩历史主义科学观认为科学理论是由科学共同体建构的，而强调直觉、灵感方法。柯瓦雷将伽利略柏拉图主义化遭到意大利科学史家的强烈批判，他们认为，这种柏拉图主义不过是"神秘主义、算术与巫术的混合物"[①]。事实上，科学中的理性与非理性都不可或缺，非理性因素有助于科学的发现，而理性因素才使科学合法化。

（三）价值有涉与价值无涉之间的张力

这一点是柯瓦雷的理想主义科学观与库恩的历史主义科学观最根本的不同。前者注重科学对真理的追求，而后者注重科学的实用性。科学对真理的追求具有价值中立性，而科学的实用性则表明了科学的功利性。科学对真理的追求并不排斥科学的实用性，然而，科学的功利性却会阻碍科学对真理的追求。

这两种科学观都基于各自所受的教育背景，更是由于欧洲大陆哲学与英美分析哲学两种不同哲学思想传统的影响。如果说前者是对"小科学"时代科学的真实写照，那么后者更能反映"大科学"时代科学的发展。两者的区别表现

---

① Koyré A. Études Galiléennes. Paris: Hermann, 1966: 213-214.

在理性与实践、理性与非理性、价值中立与非中立性两极之间的张力，并最终导致了后现代主义的产生。

从柯瓦雷的知识革命，库恩看到了科学的历史研究中的两个重要转向，一个是已经发生的思想史转向，另一个转向还在孕育之中，"第二个转向，仍然在孕育，发生在那些能将科学史同化在社会史与文化史模型中的领域"。①科学观尽管不同，但是都是对科学本质的认识。"理论的完整性（思想与数学）可以是这样或者那样，然而，客体是唯一的。"②两种科学观具有不同特征，柯瓦雷的理想主义科学观的特征强调科学理性、进步性、客观性、中立性；而库恩的历史主义科学观则强调科学的非理性、主体性、功利性。

柯瓦雷的理想主义科学观与库恩的历史主义科学观都是对西方科学发展规律的解释，但是基于两种不同的哲学传统，仍然是古希腊柏拉图与亚里士多德两种不同主流思想的传承。库恩的历史主义科学观克服了柯瓦雷的理想主义科学观中仅将科学局限于内部的弊端，而从社会学、心理学更广阔的视域来考察。但是，库恩将科学与"实践"联系起来，强调科学的"主体性"，科学知识就陷入相对主义和主观主义的泥潭，催生了后现代主义的泛滥。虽然库恩本人一再否认他与SSK的联系并批评科学知识社会学者的强纲领立场，但科学知识社会学者仍然承认来自库恩科学共同体的启示。③一句话，两种科学观是相辅相成的、互补的，它们之间保持着必要的张力。正是这种张力，构成了后现代主义的科学观。

① Kuhn T S. Alexandre Koyré and the history of science: on an intellectual revolution. Encounter, 1970, (1): 67-79. "转向"的概念由休厄尔提出，见 Whewell W. On the transformation of hypothesis in the history of science. Transactions of the Cambridge Philosophical Society, 1951, (9): 139-147.

② Toulmin S. Criticism in the history of science: Newton on absolute space, time and motion. Philosophical Review, 1959, 68(1): 1-29.

③ Kuhn T. The Road since Structure. Chicago: The University of Chicago Press, 2000: 111.

柯瓦雷科学编史学之
多维建构

柯瓦雷的科学史观建立在其科学观基础之上，他通过对科学史的哲学建构，通过对科学革命的历史建构，在对宗教重新认识的基础之上形成了柯瓦雷科学编史学的整个理论体系。

第一节　柯瓦雷科学编史学之哲学建构

科学思想史与哲学的密切关系表现在其历时性、共时性与互动性上，而柯瓦雷的科学思想史本身建立在他对哲学研究的基础之上最能清楚地表明这一点。[①] 柯瓦雷开创的西方科学思想史，就是建立在其深厚的现象学基础之上的。

一、科学思想史以现象学为基础

柯瓦雷认为，任何时候哲学的中心概念可能是那个时代科学思想本质的决定性成分，反之亦如此。对于柯瓦雷而言，胡塞尔现象学在柯瓦雷从事科学思想史研究甚至对哲学、宗教等其他方面的研究都具有深刻的影响。他说："多少次，当我研究16～17世纪科学与哲学思想时——此时，科学和哲学紧密相连，以至于撇开任何一方，它们都将变得不可理解，在此期间，人类，至少是欧洲人的心灵经历了一场深层的革命，这场革命改变了我们的思维框架和模式；现代科学和现代哲学则是它的根源和成果。"[②]

首先，科学思想史与现象学理论的首要原则存在一致性。胡塞尔是柯瓦雷

[①] 邢润川，孔宪毅. 试论科学思想史与哲学的关系. 科学技术与辩证法，2006，23(2)：82-88.

[②] 柯瓦雷. 从封闭的世界到无限宇宙. 邬波涛等译. 北京：北京大学出版社，2003：1.

在哥廷根求学时的导师，他对柯瓦雷的评价是：柯瓦雷是一位彻头彻尾的现象学者。在科学史研究之始，柯瓦雷就将对原始文献本身的研究置于首要位置。事实上，在原始材料和历史分析语境形成的界限内，"各种科学引用常常会歪曲原始著作的本义"①。在此意义上，柯瓦雷认为，"科学史家应该定位于研究原始文献，而不是纯粹构想彼时的思想与知识"。②这一首要原则更体现了现象学"回到事物本身"这一根本思想。在《伽利略研究》中，柯瓦雷对"运动"概念的分析基于他所划分的三个时期，基于对这一概念认识的不断深化、证明不断完善的过程。

其次，科学思想史与现象学的目标具有一致性。柯瓦雷科学思想史的研究目标强调，要揭示"宇宙的真实组成"。这与现象学的口号"回到事物本身"是一致的。他在《伽利略研究》中的说："我试图分析17世纪科学革命所带来的变化，同时，还有这场深刻思想转变的原因与结果，不仅是思想的内容，还有我们所思考的范围。无限而同质的宇宙替代了古代和中世纪有限而具有等级结构的天球的思想，这种替代意味着必须重铸哲学和科学首要原则，以重建我们的基本思想，特别是对运动、空间、知识与存在的认识。这就是发现一个简单定律要花费天才们相当长时间的努力才能获得成功的原因。这样，今天我们认为理所当然的惯性定律，在古代和中世纪却被认为很荒谬。"③伽利略一生都保持最基本的亚里士多德的理想，科学来自完整而封闭知识系统概念，即科学研究应该揭示"宇宙的真实组成"，而"不可能是别的什么"，而且能由"必要的证明"所建立④。

再次，科学思想史与现象学的研究方法具有一致性。1908年，柯瓦雷在他16岁时到哥廷根求学，他非常仰慕胡塞尔而一直跟随他学习哲学。需要强调的一点是，所有现象学的学生毫无例外都要遵循胡塞尔的思想方法。在柯瓦雷从事学术研究之始，柯瓦雷首先接触的便是胡塞尔的现象学。胡塞尔现象学对主观性的重视与柯瓦雷对概念进行的语境分析存在一致性。胡塞尔的现象学，"在前所未有的程度上负载了主观性，开凿了继苏格拉底、柏拉图、笛卡儿和康德

① Williams LP. Should philosophers be allowed to write history? British Journal for the Philosophy of Science, 1975, 26(3): 241-253.

② Taton R. Alexandre Koyré Historien de la revolution astronomique. Revue d'histoire des sciences, 1965, 18(2): 147-154.

③ Cohen I B, Clagett M. Alexandre Koyrè(1892-1964): Commemoration. Isis, 1966, (57): 114-116.

④ Crombie A C. Alexandre Koyré and Great Britain: Galileo and Mersenne. History and Techonolgy, 1987, (4): 81-92.

之后的客观性之源，这是激动人心的意义之旅"①。柯瓦雷对这种主观性的高度认可体现在他的概念分析法中，这一方法强调对文本作者自身的研究。柯瓦雷概念分析法的本质是语境分析。② 在其语境分析中，柯瓦雷主张将文本置于当时的社会背景与主流的哲学思想中进行分析的同时，还特别强调研究文本作者自身的态度与思想倾向对理解文本的重要性。

此外，柯瓦雷在现象学领域颇有建树。1931 年，柯瓦雷与斯宾（A. Spaier）、皮什（H. C. Puech）成立的哲学研究协会，将现象学介绍到法国。柯瓦雷在哥廷根求学的第一学期期末，已经是现象学圈子中最杰出的学生之一。他以全票通过，与莱纳赫、舍勒等共同被选入哲学协会。第二次世界大战前，柯瓦雷在"国际现象学会"官方主办的研究现象学的《哲学与现象学研究》杂志上发表了两篇文章，《撒谎者》（*The Liar*）与《多样性》（*Manifold*），不久以后以法语形式在一本小书《厄庇墨尼德的说谎者悖论（相似与分类）》[*Epiménide le menteur* (*ensemble et catégory*)] 再版。其法语版本，并非写于 1940 之后，而是 1911 年手稿的修订本。杰兰德（Gérard Jorland）认为，第一次世界大战前，柯瓦雷在哥廷根时已经写好本书的草稿，并收录在《难解之谜》（*Insolubilia*）中。胡塞尔对柯瓦雷的影响还在于潜移默化之中。胡塞尔一家人对柯瓦雷关怀备至。柯瓦雷在求学期间曾经住在胡塞尔家里。甚至在他到法国后，也会在看望胡塞尔时在他那里居住几周。如 1922 年的 9 月和 10 月，他在胡塞尔家住了三周。1928 年，胡塞尔受利希滕贝格（H. Lichtenberger）邀请到巴黎大学做报告，其实这次邀请是由柯瓦雷提议的。1932 年的见面是柯瓦雷最后一次看望胡塞尔。柯瓦雷在给他的朋友斯皮尔伯格的信中也曾这样表示过，"我深受胡塞尔的思想的影响"③。

二、科学思想史与哲学实践相结合

科学史与哲学相结合是柯瓦雷进行科学史研究的显著特征。柯瓦雷一生探寻两个不同的但又关系密切的领域，一个是哲学史，另一个是科学史。他的科学史研究不只是进行科学史实的描述，在这两个哲学与史学的研究中，他科学史研究的思想方法影响了整个一代人。在强调对历史细节及详细的考证与注释中，他的科学史研究中总是表现出哲学的态度。

---

① 山郁林. 简论胡塞尔对柯瓦雷科学编史学的影响——以《牛顿综合的意义》为例. 科学·经济·社会, 2006,(1): 77–80.
② 这在第五章第二节有专门阐述.
③ Schuhmann K. Koyré et les phénoménologues allemands. History and Techology, 1987, (4): 149–167.

在研究科学史之前，柯瓦雷主要从事哲学方面的活动。柯瓦雷在哥廷根取得博士学位之后，就在蒙彼利埃大学的任教。一方面，他主要从事科学史研究与教学实践，早在1922~1929年，柯瓦雷就参与主持高等研究实践学院的协会，鉴于柯瓦雷在科研领域的出色成绩与其在学术活动中颇受赞许与认可的表现，他于1930年被提名为高等研究实践学院的主任。另一方面，他也积极地从事哲学实践活动。1931年，柯瓦雷与斯宾、皮什成立了哲学研究协会，该组织将现象学介绍到了法国。

柯瓦雷的本人既是科学史家，又是哲学史家。柯瓦雷的授课对象既包括科学史专业的学生，也包括科学哲学专业的学生。在美国，他的讲座对象并不仅限于科学史组，他还在科学哲学组中做报告。他甚至在哈佛做关于斯拉夫人（Slavic）科学史的讲座。在柯瓦雷的讨论课上，通常会有科学史家和哲学史家群体，而不只是科学史家。这样，科学史家与哲学史家们相互就很熟识，虽然也存在亚里士多德宣称的将人和其他类似人的存在区别，然而重要的是，他们常常可以进行科学史与哲学方面的学术思想交流，从而真正推动了科学史与哲学之间的融合。我们主要关注柯瓦雷作为科学史家的一面，但是柯瓦雷把自己看作对历史中的基本问题感兴趣的哲学家。吉利斯皮曾做了非常富有见地的评论。奎因有一句名言：对哲学真正感兴趣的人才能成为哲学家，其中也有一些人是对哲学史感兴趣。

在美国，洛夫乔伊（Arthur O. Lovejoy）倡导的一场运动长期存在，旨在于古希腊与古罗马历史系中将思想史作为知识的历史。在欧洲，非常近似的情况也在哲学史系发生过，他们将不同的主题放在一起。因为科学史在很大程度上是知识的历史。美国大学中许多的科学史家已经归属于历史系。对于他们而言，科学史更需要历史方面的研究，而不是在哲学方面的研究，他们与史学家的联系比与哲学家的联系更为密切。对于柯瓦雷而言，虽然他在科学哲学领域的影响很大，在他的那个时代，科学哲学还只是哲学的一小部分。所以，对柯瓦雷的认识应该放在当时的哲学大背景中分析。

在欧洲，柯瓦雷作为哲学家、哲学思想家非常有名，而在美国，却是以科学史家和科学思想史家而闻名。这种差异的产生不仅是由于柯瓦雷自身思想和研究的发展变化，主要还在于欧洲和美国哲学立场的不同。一般而言，美国哲学家的传统是分析哲学，科学史在很大程度上是知识的历史，美国大学中许多的科学史家已经成为历史系的人。对于他们而言，更需要历史方面的研究，而不是在哲学方面的研究，他们与史学家职业联系比与哲学家的联系更密切。在欧洲大学里，科学史家更倾向于源自哲学，或者与哲学相关，尤其是与哲学史或者科学哲学相关。较之为哲学家，柯瓦雷以史学家的身份在美国更受人推崇，这是一直存在的事实。柯瓦雷把自己看作对历史中的基本问题感兴趣的哲学家，虽然我们主要关注柯瓦雷作为科学史家的一面。[①] 然而，柯瓦雷从来也没有离开过哲学。柯瓦雷虽然强调现代哲学的重要性，但他一贯以不同的方式来遵循这一点。也就是说，尽管他有时诉诸现代哲学思想来解决科学史问题（如他借助 Bolzano 和 Cantor 认识芝诺），他总是把哲学作为做科学史研究的必要背景。这便是他著名的"概念分析法"的根本之所在。[②]

总之，在柯瓦雷身上，我们看到了科学史与哲学（包括科学哲学）的统一性，在很大程度上，他的科学史实践证实了康德的名言："没有科学哲学的科学史是盲目的，没有科学史的科学哲学是空洞的。"[③]

柯瓦雷之所以通过哲学来理解 16～17 世纪的科学，有两方面的原因。一方面，众所周知，科学最初是从哲学中分化出来的，因而，科学与哲学联系是最初就存在的；另一方面，牛顿物理学本身所取得的巨大成就，特别是物理学的实用价值，让人们充分感受到物质生活的变革，人们认为物理学的科学方法可以应用于任何科学与人文科学的领域，而社会的发展也不例外。柯瓦雷在《牛顿研究》中表明，"牛顿物理学所获得的巨大成功，人们不可避免地将其特征当成了建立科学的必要因素。于是 18 世纪涌现出来的所有关于人的科学和关于社会的科学都试图遵循牛顿的经验－演绎知识模式，并且恪守牛顿在其著名的'哲学思考的规则'（Regulae philosophandi）中定下的规则"[④]。

第二节　柯瓦雷科学编史学之历史建构

柯瓦雷认为，17 世纪科学进步的历史应被视为科学革命，他以此作为建构科学革命的历史基础，以哲学与宗教作为建构科学革命观的历史背景，以源于莱纳的历史实证主义的方法建构其科学史思想的来源，这对于当代历史研究具有重要的启迪作用。

① Murdoch J E. Alexandre Koyré and the history of science in America: some doctrinal and personal reflections. History and Technology, 1987, (4): 71-79.
② Cohen I B. Alexandre Koyré In America: some personal reminiscences. History and Technology, 1987, (4): 55-70.
③ 伊姆雷·拉卡托斯. 科学研究纲领方法论. 兰征译. 上海：上海译文出版社，2005: 129.
④ 亚历山大·柯瓦雷. 牛顿研究. 张卜天译. 北京：北京大学出版社，2003: 13.

一、科学革命是历史建构科学思想的契机

革命一词早在亚里士多德那里就已经被提出，他在《政治学》第五章中曾讨论过这一问题，其中革命（metabole）具有循环性的含义。在文艺复兴时拉丁语中，革命有两层含义，一是指事物的变化（mutatio rerum），另一层含义是指政府的变动（commutatio rei publicae）。在中世纪，革命（revolution）是天文学或占星术的术语，表示天体旋转360度完成一个周期的运动。17世纪，其含义还扩大到泛指数学与物理学的周期性变化，甚至包括文明的发展。在中世纪末期，通常认为，政治统治受到天体中运行的行星的控制，因而，国王的权力与统治便与占星术联系在一起，西方的统治者自认为是神的化身，他们的意志就是太阳神的意志的体现。此时，革命一词在"循环性"的天文学意义之外，还有了"推翻与颠覆"的政治意义。17世纪里，无论在政治还是科学领域，都发生了巨大的变化。在政治领域，1642年的英国第一次内战具有明显的革命性。然而，在科学领域的革命不仅很明显，而且其广度与浓度也更高。首先是科学革命思想更加彻底，更富有创新性。1638年，伽利略发表了《关于两门新科学的对话》，建立了动力学的基础理论。1637年，笛卡儿的《方法谈》对科学方法的研究，为科学的研究提供了方法论基础，他的《几何学》更是提出一种数学方法，为17世纪科学革命产生重要作用。1687年，牛顿的《自然哲学的数学原理》一书，更是建构了物理学的大厦。在完善科学理论的基础上，科学的方法论系统的形成、科学机构的建立，特别是科学发明与创造所体现的科学的实用价值的体现，称17世纪的科学进步为一场科学革命是当之无愧的。"近代科学革命"由巴特菲尔德（H. Butterfeild）首先引入科学史研究，他的《近代科学的起源：1300-1800》一书所产生的重大影响，更使得这一观念深入人心。他强调近代科学革命的特征在于"英勇的冒险"和"人类实践的伟大乐章"，其意义在于，它不仅推翻了中世纪科学的权威，而且推翻了古代科学的权威，而不考虑革命的政治与社会背景。然而，他的思想是与第二次世界大战中针对科学技术对人类的负面影响而言的。

第一，17世纪的科学进步史是一场革命。17世纪的科学革命，自古希腊人创造了宇宙的思想以来，最为重要的变革。"这种变革引起了一种深远的智力转化，并使现代物理学（或者更精确地叫经典物理学）既得以表述出来，又

富有成果。"① 柯瓦雷认为，科学革命的本质在于人类思想的变革，对于科学思想演化（和革命）的研究来说，只有历史（包括相关的技术史），才能对科学进步中辉煌的思想和受人轻视的思想给予说明；也只有历史，才能为我们展示人类对付现实的过程，揭示其中的胜利和挫折。同时，历史也向我们展示出，人类在获得现实知识的道路上迈出的第一步花费的都是超乎寻常的努力。这种努力有时会引发人类思想的真正"变革"。柯瓦雷认为，17 世纪科学革命的特征是"空间的几何化"与"宇宙的消失"，更确切地说，不仅是用欧几里得的抽象空间代替伽利略之前的物理学的具体空间，而且是用一种无限的、均匀的空间替代一种有限的、存在着等级秩序的空间，这显然不同于巴特菲尔德"近代科学革命"的概念。西方科学革命所孕育的是一种西方文化的历史观，"是人与自然关系的历史，是作为洞察者、认识者、行动者的人的思想在文化和科学运动中的不断整合的历史。逻辑推理与自然原因相结合形成西方哲学的本质特征和风格"②。

第二，柯林伍德初步提出基本的思想建构理论。拉卡托斯常常开玩笑称，"科学史常常是其合理重建的漫画，合理重建常常又是实际历史的漫画；而有些科学史既是实际历史的漫画，又是其合理重建的漫画"③。在柯瓦雷之前，英国著名的历史哲学家罗宾·柯林伍德（R. G. Collingwood, 1889-1943）就已经提出思想的建构，并对思想建构的基点、范围、内容、标准及意义做了系统的阐述。柯林伍德认为，"思想史，是过去思想在史学家头脑里的重新展现"④。柯林伍德的部分纲领对科学史产生了积极的影响。⑤ 克拉（Hegel Kragh）认为，柯林伍德的重建历史观表明，史学家以自己对过去思想的理解为切入点，来寻求与过去思想的共鸣。柯林伍德的历史观真正难解的部分是重建的思想和什么思想可被重新展现。柯林伍德认为，史学家要理解对例如阿基米德的不同认识，就必须在他的头脑中重新思考。根据史料证据在我们的头脑中重建这些思想。在认识论上，这种创造性的认识与他们的思想等同。他似乎认为，史学家重建成功的标准，由史学家的直觉决定。他将这种思想建构用于解决问题。"因此，为了使

---

① 柯依列. 伽利略研究. 李艳平译. 南昌：江西教育出版社，2002: 3.
② Crombie A C. Historical commitments of European science. Annali dell'istituto e museo di storia della Scienza di Firenze, 1982, 7(2): 29-51, Crombie A C. What is the history of science? History of European Ideas, 1986(1): 21-31, Crombie A C. Experimental science and the rational artist in early modern Europe. Daedalus, 1986, 115(3): 49-74.
③ 伊姆雷·拉卡托斯. 科学研究纲领方法论. 兰征译. 上海：上海译文出版社，2005:178.
④ Collingwood R G. The Idea of History. Oxford: Oxford University Press, 1987: 215.
⑤ Hall A R.Can the history of science be history? British Journal for the History of Science, 1969, (4): 207-220.

一种特别的思想行为成为历史的主观事物，它必须不仅是一种思想，而且还进行沉思，就是说，在意识中形成并由意识组成的思想。……一种沉思的活动是指，我们知道自己尽力要解决何种问题，以便于完成工作时我们知道是因为它符合我们对它形成最初概念的标准。"①柯瓦雷正是以科学思想作为解决问题的宗旨来建构科学革命的。

第三，历史建构的"纵向"过程。柯瓦雷科学革命的历史建构是一种"理性"建构。所谓建构，通常其标准如个人喜好、哲学态度等多具有主观性。而柯瓦雷则是通过科学数学化，将科学建构上升为一种"理性"建构。这种理性建构真正反映了科学家得出科学理论所经历的思想活动过程。柯瓦雷的这种建构，并不是强调科学史家在选择科学史实或者解释科学史实时的主观性，正好相反，他的理性建构是对科学史家持客观性态度的强调。柯瓦雷认为，历史事实是由思想建构的，不论是所发掘的科学史实，还是找到的历史文献或者数据，这些都是过去选择的产物。科学史实具有客观性，首先必须尊重科学史实的客观性。尊重科学史实的客观性的方法就是回到原始文本，并仔细研究原始文本。只有通过原始文本，才能找到科学思想的真正来源。科学史家首先要做的工作就是将这些"史实"还原，在这种还原过程中，科学史家就要做进一步的选择，这种选择过程本身就明显含有建构的成分。柯瓦雷通过具体案例分析形成科学理论的过程，体现了科学理论的纵向式历时性建构过程。柯瓦雷认为，伽利略的自由落体定律并不是通过科学实验观察获得的，而是通过对伽利略之前的亚里士多德物理、冲力物理及笛卡儿等思想的历时性分析中建构而成的。所谓众所周知的比萨斜塔实验，不过是杜撰的故事。事实上，伽利略建构自由落体定律等思想的基础是对基本概念的建构，特别是对"运动"概念的澄清，其思想来源是对亚里士多德物理、冲力物理及笛卡儿等思想历时性的逻辑分析。伽利略通过"让数支配运动，才为建构那些物质与运动的新概念扫清道路，这些新概念成了新的科学和宇宙论的基础……在前伽利略和前笛卡儿的观念里，运动是一种变化的过程，它可以影响运动的物体，而静止不会；与此相反，新的或者古典的观念则把运动当成一种存在，也就是说，它不是一个过程，而是一种状态（status），这种状态同静止一样持久和难以破坏，而且它们都不会对运动物体产生影响。运动与静止就这样被置于同一本体论层次，它们之间质的区别被消除了，彼此变得无法区分。它们仍然是相反的，甚至还超过以前。但这种相

---

① Kragh H. An Introduction to the Historiography of Science. London: Cambridge University Press, 1990: 49.

反变成了一种纯粹的关联"[①]。实质上，伽利略的动力学只适用于阿基米德式的几何空间的抽象物体，伽利略的空间不是指物理意义上的空间，因为这种空间已经成为一种均匀而无限的空间。伽利略已经赋予这种空间本体论的地位。伽利略的动力学原理建立在空间概念发生重大变革的基础之上。因而，建构科学理论的基础就是先要建构科学概念，反过来，如果科学概念被建构成功，必将会对重大科学理论的诞生产生关键性作用。因为"科学概念反映了科学思想，而科学理论则表明了科学思想的内在逻辑关系"[②]。

第四，历史建构的"横向"过程。柯瓦雷对科学概念的横向式建构体现在伽利略的真空落体运动的理论特别是对真空中运动的研究，通过将物理学中的运动数学化，深刻地体现了横向式建构过程。首先，伽利略通过斜面物体的运动，又研究了水平上物体的运动，他得出的结论是物体速度的增加是阻力减小的结果，"速度从来不会超过特定的有限的量而逐渐增加"[③]。并由此证明他的真空落体运动的理论，即尽管在真空中阻力被完全排除，但是，这并不会引起速度无限的结果。对于这一点，他是通过超现实的方式得出结论的。他设想了一个绝对光滑的平面，一个完全光滑的球体，这些概念的实体在物理世界中根本无法找到，也不是源自经验，而只是一种假定。柯瓦雷认为，这种与人们经验不一致的假定，只有通过"理性推理"，通过数学化，才具有客观性。正是这种'虚构'的概念，才使我们理解和解释自然，对自然提出问题，并给出答案。伽利略主张的是抽象经验主义之上的柏拉图数学主义的优越性。

二、"史学革命"是历史建构科学革命思想的来源

20世纪初，史学领域最重要的事件莫过于声势浩大的"史学革命"，与之相伴随的历史哲学研究从思辨的历史哲学向批判与分析的历史哲学的转向，特别是伯特（E. A. Burtt）的系列历史论文集《近代物理科学的形而上学基础》，在思想与方法上对柯瓦雷的科学史研究产生了重要的影响。

1912年，美国历史学家鲁滨逊（J. H. Robinson）首先在他所执教的哥伦比亚大学举起了"史学革命"的旗帜，形成了以此为美国新史学中心的颇有声势的新史学派。其标志性的著作《新史学》被公认为20世纪世界史学的经典之作。

---

① 亚历山大·柯瓦雷. 牛顿研究. 张卜天译. 北京：北京大学出版社，2003: 5.
② Sachs M. Maimonides, Spinoza and the field concept in physics. Journal of the History of Ideas, 1976, 37(1): 125-131.
③ 柯依列. 伽利略研究. 李艳平等译. 南昌：江西教育出版社，2002: 54.

在这部著作中，鲁滨孙具体阐释了他的"史学革命"主张，即要打破政治史的研究传统，建立更广阔的历史视野，大到可以描述各民族的兴亡，小到可以描写一个最平凡的人物的习惯与感情，强调历史学与其他相关学科建立联盟，不断完善史学家的知识结构，开展多学科的历史综合研究方法。新史学对 20 世纪的西方史学产生了深刻的影响，在欧美这种新史学思潮的影响下，跨学科的史学杂志《经济与社会史年鉴》于 1929 年在法国斯特拉斯堡大学正式发刊，年鉴学派也因此而得名。创刊号在《致读者》中阐明了自己的宗旨，倡导跨学科研究，在继承传统的基础上重建历史。年鉴学派还明确提出了"问题史学"的原则，要求在研究过程中建立问题、假设、解释等程序，从而为史学研究奠定了方法论基础，促使历史研究的学科领域进一步扩大。

第一，柯瓦雷深受这种"史学革命"的影响，并将这种历史综合研究的方法贯穿于他一生的科学史研究中。这种影响甚至使他对科学理性的坚定信仰发生了动摇。他晚年的重要著作《牛顿研究》正是这种综合方法的重要体现。柯瓦雷坚持柏拉图主义与理想主义的科学观。他认为，科学是一种附带现象，思想活动不过是大脑神经作用的副现象，科学发展的动力源自其内部的动力，对内在问题的挑战与未解决问题的探索完全独立于社会的需求。牛顿的世界不仅由广延与运动两种成分组成，他还综合了物质、运动与空间三种成分，甚至还增加了引力与虚空的成分。引力是"一种超自然的力量——上帝的行动——或是制定自然之书句法规则的一种数学结构"[①]。这种引力的概念明显毫无经验基础，而是一种的建构概念。然而，虚空的概念才真正体现了牛顿的世界观，从中可以看到牛顿与笛卡儿之间世界观的本质差别。"在那本赫赫有名的《英格兰书简》(*Lettres anglaises*)，即后来的被正式更名为《哲学书简》(*Lettres philosophiques*) 的书中——直到今天它都很有可读性——伏尔泰非常机智地总结了这种状况：一个法国人到了伦敦，发现自己处于一个完全陌生的世界中，他去的时候还觉得宇宙是充实的，而现在他发觉宇宙空虚了。在巴黎，宇宙是由精细物质的旋涡构成的；而在伦敦，人们却一点也不这样看，在法国人看来，每样事物都是用无人理解的推力来解释的；而在英国人看来，则是同样无人理解的引力来解释的。"[②]尽管他也承认科学与社会之间存在相互影响的关系，但是他还是认为社会因素并不能作为最重要的因素来研究。在他的晚年，他也认识到社会因素对科学发展的重要作用。至少，在一定程度上，他的科学的唯理性

① 亚历山大·柯瓦雷. 牛顿研究. 张卜天译. 北京：北京大学出版社，2003: 8.
② 亚历山大·柯瓦雷. 牛顿研究. 张卜天译. 北京：北京大学出版社，2003: 9.

观已经有所动摇。

18世纪的近代西方历史哲学历经沧桑，终于在20世纪完成了从思辨的历史哲学向批判与分析的历史哲学的转变。思辨的历史哲学的代表是文化形态学派。他们从文明发展的角度来研究人类社会的进程。批判与分析的历史哲学包括新康德主义、新黑格尔主义的历史哲学以及分析哲学的历史哲学。英国学者柯林伍德的"一切历史都是思想史"，对现代西方史学的发展产生了广泛而深远的影响。从此，强调对思想的研究成为历史哲学研究的主流。柯瓦雷将这种思想的历史哲学研究引入到科学史研究中，从而开创了科学思想史学派。他的概念分析法通过对科学革命中基本概念的纵向与横向的历史建构，从而揭示了近代人类思想变革的来源。

第二，柯瓦雷科学革命的直接来源就是伯特（E. A. Burtt）的"思维革命"。古拉克提到，他在与柯瓦雷的私下交流中，柯瓦雷曾断言，"伯特于1925所著的《现代物理科学的形而上学基础》一书，对他转向科学史具有十分关键的作用"。[①] 伯特在书中首次意识到从哥白尼到牛顿的物理学中形而上学与宗教的含义，以及现代科学早期成就源自16～17世纪的哲学与宗教思想。在研究伽利略时，伯特提出了"思维革命"的概念，以表明"科学中精确数学的运用按照其秩序，带来了一场著名的形而上学的革命"。[②] 这里，形而上学与宗教对16～17世纪科学革命具有重要意义，柯瓦雷在此基础上，还做了进一步的发展，那就是这场革命所引发的人类世界观的变革，即空间由有限和秩序化走向无限和匀质。

第三，柯瓦雷还特别研究了不同文化背景对黑格尔思想的影响。他在比较研究黑格尔思想在德国所产生的巨大影响的基础之上，还对其在德国与法国、特别是俄国与法国的不同影响做了比较，以表明不同哲学体系与不同文化之间的相互作用。[③] 哲学与宗教是建构科学革命思想的历史背景明白这一点，我们就可以深刻地理解柯瓦雷的这一观点，即一个非常简单的定律的形成，往往会耗费众多天才们艰苦卓绝的努力才能实现。因为思想的形成过程中包含众多概念的不断革新，暗示了人们在面对有争议的问题前在头脑中所经历的挣扎过程。在重新正视自己的错误时，首先需要经过自我否定的痛苦，在困境中不断探寻，

---

① Guerlac H. The landmarks of the literature. Times Literary Supplement (London), 1974-04-26.

② Burtt E A. The Metaphysical Foundations of Physical Science. New York: Harcourt, Brace&Company, 1925: 84.

③ 柯瓦雷对法国黑格尔哲学家也产生了一定的影响，瓦西（J. Wahi）对此有重要评价,见Wahi J. Le role de A. Koyré dans le développement des etudes hégéliennes en France. Archives de philosophie, 1965, 28(3): 323-336.

在绝境中不断地奋斗，才能达到自我的肯定，这就是科学思想的创造性历程。

"在成功的科学工作通常被赋予优先权的意义上，成功似乎是历史重要性的主要标准。"[①] 如果认为科学家以某一科学理论的成功而闻名，则表明历史的意义在于科学向真理的不断迈进，这是一种绝对历史主义观点。如果认为一个科学家作为领袖人物而闻名，则表明历史的意义与特定的语境有关，这是一种相对历史主义观点。然而，历史意义和科学真理价值只有在特定的语境中才能被合理地理解，孤立地谈论历史的意义无法得出抽象而富有逻辑的解释。科学史主要研究历史与科学的关系。科学史家们研究的科学，不是对科学知识的经验性描述，因为这些科学数据与理论并没有真正反映人类的思想行为。科学史家们所关注的科学是在历史中科学家的科学活动与影响其科学活动的重要因素。在柯瓦雷看来，历史中的哲学与宗教思想是建构科学思想的必不可少的背景。

第四，在柯瓦雷之前，著名科学史家巴特菲尔德就曾提出历史主义观念。巴特菲尔德指出，历史的经验表明，我们必须从思想内部来观察人物，如同演员感受角色一样感受他们的思想，反复思其所思。只有站在行为者，而不是观察者的立场，才能正确地讲述历史。历史的目标在于合理地诠释，其目的在于向坚持它们的人们解释其一致性与合理性，只有当人们理解坚持它们的原因时，才能去叙述、分析或者评价其被放弃与替代的过程。迪昂（Pierre Duhem）完全可以被认为是历史主义的先驱。人类历史中存在的伟大观念，在世界历史中具体而生动地发展起来的思想，使迪昂认识到，在规律性、独特性、客观性与个人涉入之间应该保持必要的张力。这既避免了实证主义的极端，又摆脱了存在主义的矫枉过正。作为主体间可检验性的客观性并不排斥个人涉入，而作为对特殊模式关注的独特性也不排除对规律模式的承认。

另外，柯瓦雷对历史的研究从未停止过。他最初一直在从事哲学史与宗教史研究，而他的科学史研究转向则是将科学的图景置于16～17世纪哲学与宗教思想中。在转向科学史研究之后，柯瓦雷对文明的阐释限于科学的范畴，并将其立足点置于理性的基础之上。这种科学与哲学、宗教的整体联系，是新史学革命所提倡的历史综合研究方法的体现。他的标志性著作，由三篇论文构成的《伽利略研究》的第一篇也在1935年发表，而这正处于新史学革命期间，这种时期的一致性不只是历史的巧合，同时也是这种新史学理论影响柯瓦雷研究的体现。柯瓦雷在《伽利略研究》中，以力学为范式，在对运动、静止等概念做出重新解

---

① Kragh H. An Introduction to the Historiography of Science. London: Cambridge University Press, 1990: 78.

读与澄清的基础之上，得出伽利略惯性定律与自由落体定律的思想来源。

三、柯瓦雷建构科学革命思想的当代启迪

在科学史研究中，柯瓦雷有着非常清晰的整体论构想。用他自己的话说，他关注的是古代与 16～17 世纪之间，科学与哲学、宗教之间，物理学与天文学之间的历史关联。这三个方面各有侧重，第一方面揭示的是 16～17 世纪科学革命的重要性；第二个方面涉及的是认识科学革命的重要背景；第三个方面关系到科学思想史的范式问题，而三者的有机联结，构成柯瓦雷科学史基本的理论框架体系。他的全部科学史研究，就是试图勾画这三种"关联"在科学革命中所揭示的人类思想的变革。

在历史观方面，柯瓦雷既反对能再现过去真相的唯心主义，又拒斥过去不可知论的悲观主义。一方面，他反对将过去的实在等同于历史的知识；同时又坚信对过去的认识可以走向精确化。他认为，对原始文本的分析阐明科学思想产生的创造性过程乃是历史研究中最为关键的因素。"柯瓦雷指出科学革命具有两面神（背靠背的两人半身雕塑像）的特征，科学革命复杂而具有内在一致性的世界观既可以追溯到存在等级秩序的、以人为中心的中世纪的宇宙，又能前瞻到普遍数学规律所支配的统一宇宙，即现代科学的世界。"[①]

莱纳赫的历史实证主义提供了建构科学革命思想的方法。柯瓦雷在科学思想史研究中特别强调历史的方法。重视历史这一点，并不能归功于胡塞尔的现象学，因为胡塞尔本人很轻视历史。柯瓦雷给斯皮尔伯格的信中写，"胡塞尔不是很了解历史，对实证主义方法也不感兴趣；只是对希腊与中世纪思想的客观性与本体论感兴趣"[②]。必须注意的是，柯瓦雷很难将历史方法引入轻视历史的人那里，而胡塞尔一生都对历史持轻蔑的反对态度。柯瓦雷的这一思想应归功于莱纳赫。第一，在哥廷根，莱纳赫的历史实证主义赋予历史研究以重大意义，他认为，"历史的巨大意义应倾向于在它自身的情景中来理解"。第二，莱纳赫的思想史观与柯瓦雷的思想史观存在一致性。即当我们评价某一思想时，不能以现代的标准来衡量，而应该将其置于当时的历史语境中考虑。这充分体现在柯瓦雷对科学思想的历史语境分析之中。第三，柯瓦雷继承了莱纳赫回到历史语境中的分析方法。莱纳赫

① Koyré A. The Astronomical Revolution: Copernicus-Kepler-Borell. New York: Cornell University Press, 1973: 120.

② Schuhmann K. Koyré et les phénoménologues allemands. History and Techology, 1987, (4): 149-167.

的课程深受学生欢迎，而柯瓦雷获益最深。"莱纳赫最大的功绩在于，正是他使柯瓦雷走上历史研究的道路。"[1] 莱纳赫在哲学问题的讨论中，常常转到历史方面的思考。当他谈到空间的思想时，他会研究不同历史语境中如巴门尼德、德谟克利特、莱布尼茨、牛顿、贝克莱、欧拉（L. Euler）和康德的观点。柯瓦雷在研究伽利略的思想时，更是研究了从古希腊的亚里士多德开始，到中世纪的博纳米科（F. Bonamici）以及文艺复兴时期的笛卡儿等的思想，并对这些思想给予其特定历史背景下的语境分析。这也是对莱纳赫历史实证主义思想的回应。

柯瓦雷的编史学在方法论上最突出的特点，是力图重建科学思想创造性过程中的具体时空结构，使研究者深入其中，而不是以现在的观点改造过去的实际，从而致使过去的独特性丧失殆尽。史学的研究对象是过去，而过去不仅距离我们遥远，而且存在很大的不同。因此，历史学家应当用丰富想象力和浓厚的知识基础，使自己回到过去的经验当中去。他指出，历史中的人活动于其中的语境（context）有一个最大的特点，那就是当局者并不知晓事态的结局和后果，所以在评判他们的思想和行为时，如果从看到事态结果的今人立场出发，就会出现曲解和误会。在此，柯瓦雷倡导的是一种深入历史时空内部结构的分析方法。正是由于这种科学思想的方法建构，在20世纪80年代，艾拉卡娜（Yehuda Elkana）提出柯瓦雷是"知识社会学的先驱"之一，从而使柯瓦雷的思想再次引起学界的极大关注。[2]

另外，宗教对科学的历史建构具有积极意义。近代史学研究常常是对"黑暗"的中世纪的背离。中世纪的研究始于教会史，宗教是教会史的组成部分，这与新教学者意识到了教会史研究对宗教改革的合法性辩护的重要意义密切相关。20世纪初，这种教会史仍然是西方精英教育的必修课程，在20世纪后半叶出现被法律、工商管理等学科边缘化的倾向，但"教会史的研究与教学仍然是展示和传播西方主流价值观的主要学术平台之一"[3]。由此看来，柯瓦雷强调对宗教的研究不仅有利于对西方科学思想本质的理解，更在一定程度上折射我们对西方文明的态度，甚至是我们认知和理解西方文化历史的必要环节。

在现象学理论与历史语境方法基础上，柯瓦雷从整体主义认识论的角度对科学思想史进行了哲学建构。他的科学思想史学派自1939年《伽利略研究》出版以来就在法国引起强烈的反响。当"科学与工业实践"系列中的《伽利略研

---

① Schuhmann K. Koyré et les phénoménologues allemands. History and Techology,1987, (4):149-167.

② Zambelli P. Alexandre Koyré versus Lucien Lévy-Bruhl: from collective representations to Paradigms of scientific thought. Science in Context, 1995, (8): 531–555.

③ 彭小瑜. 教会史与基督教历史观. 史学理论研究，2006,(1):7–9.

究》第二次世界大战后在意大利发行时，立刻大受欢迎。柯瓦雷的科学思想史研究，特别是他对柏拉图、伽利略和科学革命的研究，在意大利引起强烈的反响。这些研究对 1960 年后的哲学与科学思想史研究产生了决定性影响。

　　然而，柯瓦雷对 16～17 世纪科学革命的历史分析，总体上是对西方近代科学来源的解释，无论是从古希腊的亚里士多德到意大利的伽利略，还是法国的笛卡儿，抑或英国的牛顿，都没有跳出西方科学史的窠臼。然而，20 世纪西方史学所不能不涉及全球历史观。英国史学家巴勒克拉夫在《处于变动世界中的史学》（1955 年）一书中最先明确地提出这个问题。伴随 80 年代以来全球化趋势的加快，这一问题更是进一步引起人们的关注。他认为，应该抛弃西欧中心论的偏见，建立一种全球观，公正地对待与评价世界各国和各个地区的文明。因为若将世界史进行区域性分割，性质就会改变，正如水分解后变成了氢和氧，就不再是水一样。全球史观以及与之相联系的世界史体系的重构和创新，作为一种新的史学思潮，已经并将继续对当代西方史学产生深刻的影响。因而，在肯定 16～17 世纪科学文明的同时，也应该树立"全球化"新视野来研究科学思想史。

第三节　柯瓦雷科学编史学之宗教建构

　　宗教与科学的关系向来是科学史关注的热点问题之一，而"冲突论"一直占据主导。"冲突论"主张，宗教与科学根本上是相互对立的。柯瓦雷在康拉德 - 马休斯思想的指引下，对基督教的思想深入研究，奠定了他对宗教与科学关系认识的基础。柯瓦雷的观点不同于主流的"冲突论"，他认为，宗教与科学存在相互促进与彼此制约的关系，这在一定程度上也反映了当前宗教与科学走向对话的多元关系趋势；但是，宗教与科学之间的关系也不是简单融合的"折中"，柯瓦雷将宗教视为理解科学的重要背景因素，由于哲学与宗教的密切关系，柯瓦雷引入哲学与宗教两个重要因素来共同建构科学史。科学史家丹皮尔的名著《科学史及其与哲学和宗教的关系》的书名中就突出体现了哲学、宗教之于科学史的重要关系。

一、宗教与科学关系的不同观点

　　第一，宗教与科学的关系以"冲突论"的观念占主流。对宗教持批判与否定态度的代表人物之一是罗素。他认为，宗教与科学的对立表现各自真理观、方法论、思维方式等诸多方面的对立。从世界观来看，宗教认为宇宙中存在超自然的力量，存在超物质；科学则承认物质世界及其发展规律的客观性与自主性。从真理观上，宗教教义认为《圣经》教义和外在权威是永恒的绝对真理；而科学追求的是经过逻辑证明与检验的客观真理。从方法上，宗教主要采用感悟、象征、体验、启示、隐喻等非理性方法、神秘的方式来把握和预测未知世界；而科学通过实际的观察与实验、逻辑推理与证明来获得知识。从思维方式上，宗教教义从先验的教义出发，演绎出具体的事实；而科学则是根据事实，归纳出事物的普遍规律。从认知上，科学认知世界的方式具有有限性、相对性、暂时性特点，科学从局部着手；而宗教对世界的把握具有无限性、绝对性、永恒性的特点，是对客体一种整体的揣度。从主体来看，宗教教徒必须绝对服从信仰，否则将受到惩处；而科学家则是对科学的不懈理性追求。在罗素看来，宗教完全不同于科学，并将之看作科学的对立面。这与中世纪的宗教曾经严重阻碍了被视为"异端"的科学的发展不无关联。中世纪，宗教作为一种绝对权威，凌驾渗透于一切之上。宗教神学将权威亚里士多德、盖伦、托勒密的理论作为思想的标准，凡是与宗教教条相违背的思想或言论，都会受到裁判法庭的严厉制裁。布鲁诺由于宣扬哥白尼的日心说，反对托勒密的地心说，遭到罗马宗教裁判所的 8 年时间的囚禁，最终由于"异端"学说的罪名被活活烧死在罗马的鲜花广场。

事实上，科学的进步已经夺取了越来越多的认知领域，导致了一次又一次的哲学危机。世纪之交发生的哲学危机在本世纪的西方哲学却一直没能摆脱这一阴影。究其原因，它所面临的是失去自身研究对象的严重问题。西方哲学已经相继在失去了三大传统主题——上帝、世界和心灵，只有寻求新的研究对象之后开辟新的哲学领域，才能摆脱哲学危机。而宗教则被迫退缩到了道德教化和心灵慰藉的边沿。

第二，宗教与科学关系的中立论。罗素将科学当作唯一的真理，而对宗教持完全否定的态度，走向了科学主义的极端。近来，有科学史家对此提出了不同观点：认为科学与宗教并非简单的对立关系，一些人提出科学与宗教中立论。宗教与科学保持中立关系的学者不多，如犹太神学家布伯（M. Buber, 1878-1965），他甚至为宗教重新找到了一个存在的空间。他认为，科学利用和改造自然的态度是人对物的一种低层次的生活态度，而人对神才是一种高层次的生活态度，上帝存在于超越极性的空间，这个空间完全不同于现实世界，这实际上也是对宗教意识存在的一种肯定，但是又不会对科学产生阻碍作用，两者共同存在而又互不相干。宗教哲学家试图通过区别宗教与科学，以最大程度地保持两者的完整性。鲍顿·鲍恩（Borden P. Bowne）解释说，科学关注事件是如何发生的问题，而宗教方面则是事件意味着什么的问题。鲍恩断言科学不会对宗教构成任何威胁，他甚至认为，科学能帮助我们摆脱无知和迷信，对宗教提供很大帮助。另一位宗教神学家通过将科学排斥在社会历史领域之外来避免宗教与科学之间的冲突。在莱因霍尔德·尼布尔（Reinhold Niebuhr）看来，科学进步观掩盖了自由与必然之间戏剧般变幻无穷的相互作用。对他而言，人类历史是人与上帝相遇的舞台，人在这个舞台上接受审判和再生，但是这无法通过科学方法证实。

第三，宗教对科学有积极作用的论点。还有学者强调从积极的一面来看待两者之间的关系，提出科学与宗教相互促进的观点。对此，丹皮尔就曾明确表示，"经院哲学也维持了理性的崇高地位，断言上帝和宇宙是人的心灵所能把握，甚至部分理解的。这样，它就为科学铺平了道路，因为科学必须假定自然是可以理解的。文艺复兴时期的人们在创立现代科学时，应该感谢经院学派做出这个假定"①。

起初的科学就包含在宗教之中。宗教思想中具有科学精神。宗教精神包含的执着、勤奋、坚忍不拔等精神同时也是科学研究事业所必须具备的品质，这种精神是科学家工作激情的动力重要来源。宗教中包含科学思想。科学最初是由哲学中分化出来的，而最初的哲学与宗教是联系在一起的，许多哲学家本身就是教徒，而近代中国科学知识"西学东渐"的传播过程是由西方的传教士进行的，如利玛窦、汤若望等，这本身就是宗教与科学关系密切的很好体现。宗教为科学提供形而上学的前提，宗教是理解科学的一个重要背景，这以柯瓦雷为代表。宗教充实了科学的认识方法。爱因斯坦说："我们感觉到有某种为人们所不能洞察的东西存在，感觉到那种只能以其最原始的形式为我们感觉到的最深奥的理性和最灿烂的美——正是这种认识和这种感情构成了真正的宗教感情。"②

很多学者都在不同程度、不同层面上论证了宗教之于科学的促进作用。如科学史家孔德（A. Comte）的"不同状态说"、默顿（R. K. Merton）的"相互关联说"、巴伯（I. Barbour）的"四模式理论"、康托尔（G. Cantor）与布鲁克（J. Brook）的"多元关系论"等都是其中的代表，

（1）孔德的"不同状态说"。孔德的三阶段规律涉及科学与宗教关系的研究。他认为，科学与宗教的关系是人类智力发展的不同阶段，而人类认识和理

---

① 丹皮尔. 科学史及其与哲学和宗教的关系. 李珩译. 北京: 商务印书馆, 1997: 12.
② 赵中立, 许良英. 纪念爱因斯坦译文集. 上海: 上海科技出版社, 1979: 50.

解外部世界的现象的思想过程必然要经历的三个阶段：神学阶段，形而上学阶段与实证阶段。第一个阶段是"神学"阶段，在这一阶段，一切事物的产生与因果关系都被归功于上帝和神灵的活动；第二个阶段是"形而上学"阶段，在这一阶段，上帝的神圣意志被抽象的科学概念所取代；最后，第三个阶段是实证阶段，是科学解释取代了形而上学的阶段。这三个阶段在科学演变过程中不断演替。由此可见，在孔德看来，科学的发展起初建立在宗教的基础之上，科学孕育于宗教之中。

（2）巴伯的"四模式理论"。巴伯归纳出科学与宗教之间的四种作用模式：冲突、独立、对话与整合。第一种冲突模式，宗教与科学的冲突最明显的表现是科学有神论与科学无神论之间的斗争；第二种是无关模式，科学和宗教局限于各自封闭的领域，相互不发生联系；第三种是对话模式，倾向于对比科学与宗教各自的预设、概念与方法等方面的相似性；第四种是整合模式，试图重新建构传统的神学概念，以期与科学相融合。巴伯的"四种模式理论"是两种不同的作用趋向，冲突与独立的作用模式使宗教与科学走向分离，而对话与整合的作用模式则促使宗教与科学走向统一。巴伯本人赞同的是后者。

（3）康托尔与布鲁克的"多元关系论"。他们认为，科学与宗教之间的关系既非绝对冲突，也非绝对和谐，在一定程度上类似于古代社会复杂的政治联姻关系。两者间的界限经常变化，它们的关系不是任何单纯的模式可以概括的。

以上对宗教的否定、中立与肯定的不同观点表明，科学与宗教一直存在异常复杂的关系。宗教与科学的权威地位从宗教占据主导到逐渐退出科学领域，今天又重新开始找到自己的一席之地，是科学经历文艺复兴、工业革命、现代科技浪潮等众多革命的结果。今天，科学与伦理道德的交界处的科技伦理使宗教价值得以表达，科学与宗教之间的关系不只是简单的对立关系，而是在"冲突论"中走向对话的多元关系论。

二、宗教建构科学史的思想来源

柯瓦雷主要将宗教置于对中世纪科学思想的分析之中，对于这一点，就不能不提到康拉德－马休斯。他既是柯瓦雷在哥廷根求学时期的老师，更是他的亲密朋友。康拉德－马休斯哲学有两大明显特征：一方面，她针对形成实在的本体论基础的自然哲学，将有生命的自然界并入人类科学研究；另一方面，她将基督教传统与科学思想相结合来研究哲学问题。柯瓦雷对宗教的研究是对康拉德-马休斯思想的传承与发展："从我的研究开始，就不可能将哲学思想史与宗教思想史分开。"① 这种信念导致他最终转向科学思想史研究。按照他的《笛卡儿关于上帝存在及其证明的思想研究》的说法，在某种程度上正是受康拉德-马休斯的影响，柯瓦雷才走向对基督教徒如圣·安瑟伦、玻姆等思想的研究。

柯瓦雷的科学思想史基于科学、哲学与宗教相结合的整体主义认识论。他在对其进行哲学建构时，将现象学理论与历史语境方法在科学、哲学与宗教相结合的认识论中有机地结合在一起，揭示了中世纪西方科学思想形成中宗教的作用与影响。我们可以将两者的关系还原为"在一个密闭空间中的哲学史与宗教史，宗教史中常常包含哲学史，它们互相促进，又互相抵制"。例如，基于现代科学、"经典科学"、中世纪神学研究中一系列概念主题的思考表明：这种联系不能掩盖其中的对抗，反而给予彰显。② 1922年，柯瓦雷在胡塞尔创办的《年鉴》上发表关于芝诺论证的文章《解读芝诺悖论》中研究开普勒的《时间、空间和运动概念》一文（主要涉及对测量与哲学问题的研究）时，明确区分了"伽利略与其前辈们的不同"；哥白尼继承毕达哥拉斯传统与新柏拉图主义（准确说是形而上学），通过"天球"概念研究他的天文学的思想；而开普勒再次受'天球'概念（和谐、物体规律等）的启发。但是，在伽利略那里，这种理性消失了。这表明神学的"天球"思想一直贯穿在对空间、运动等概念的科学研究之中，而"天球"的崩溃则标志着神学与科学在对立中走向溃败。柯瓦雷在《伽利略研究》首页的导言中表明，"科学内在理性的消失，所有这些均基于'天球'概念的变化，'空间几何化'在真正意义上表明'天球的崩溃'；可以更准确地说，14世纪的经院哲学已经对'天球之外的空间几何化'有所研究"。基于"宗教思想史"，通过对哥白尼与伽利略的批判，现在的问题是一种科学思想史的典型问题：如何理解这一思想的转变，进而深入理解科学革命的本质？

默顿通过社会因素建构宗教与科学的积极关系。他提出"相互关联说"，这种观点认为，科学与宗教对各自均有益处，宗教在历史上对科学活动起了积极作用。默顿命题的提出颠覆了宗教之于科学的不利影响，提升了宗教的正面影响，因而，这一命题具有重大的理论意义。默顿通过对17世纪处于世界中心的英国的科学与技术的兴趣焦点及其转移的研究，得出了两个极为重要的结论：一是由清教主义促成的正统价值体系无意之中促进了现代科学的进步；二是17世

---

① Schuhmann K. Koyré et les phénoménologues allemands. History and Techology, 1987, (4): 149-167.
② Vignaux P. De la théologie scolastique à la science moderne. Revue d'histoire des sciences, 1965, 118(2): 143-146.

纪英国科学革命的重要原因乃是经济、军事和技术问题。鉴于第一个结论——宗教促进了科学的进步，极大地颠覆了占主流的"冲突论"思想，人们通常称之为"默顿命题"或"默顿论题"，有时也兼指两者。默顿命题的争议集中于两个问题，一是清教主义的界定问题，另一个则是清教主义对于科学的作用问题，问题的焦点在于后者。默顿认为，在17世纪英国清教表现出的理性、功利性在很大程度上促进了科学的发展。"诸如经济的、政治的，以及科学自身的等大量因素，都对新科学的诞生发挥了重要作用。清教主义只在那个历史时期和地点提供出主要（但不是独一无二）的支持。这是历史上发生的情况，但并非不可或缺。"[①]默顿命题的重要意义在于，它大胆地突破了主流思想的禁锢，提出宗教与科学在对立面之外，还存在和谐的一面。宗教和科学都是人的一种信仰，科学的认识常常以其客观性而备受敬仰。但是随着科学的高度发展，也给人类带来众多的问题，如资源危机、能源危机、交通拥挤、城市化问题、伦理问题等。当前对宇宙更深层次的把握是人们无法观察到的，宇宙的无限性也需要人们求助于形而上学的力量，这一方面来自于宗教，另一方面，则来自宗教的力量。爱因斯坦曾言，"科学没有宗教就像瘸子，宗教没有科学就像瞎子"。

正确认识宗教与科学的关系具有重要的现实意义。在中国，宗教与科学的关系以"完全对立"的观点占主导，宗教被看作一种唯心主义，是对世界歪曲的、虚幻的反映。我们现在生活的时代，科学无疑占据着主导地位。随着基因工程、克隆技术的进展，一些新的宗教和伦理问题被提了出来。科学受到了宗教前未有所挑战。因而，近30年以来，科学与宗教的关系再次成为学界关注的热点问题，美国约翰·邓普顿基金会（Templeton Foundation）还专门组织了一系列国际性的科学与宗教对话活动。

总体而言，宗教与科学之间呈现出一种寻求相融合的倾向。科学仍然面临着宗教的严峻挑战，特别是在探索广袤的未知世界过程中，一方面宗教思想有助于激励科学家的工作热忱，另一方面科学与宗教的问题还影响到政治、社会文化、法律和教育等诸多方面。宗教与科学仍然会在很长的一段时间内继续在相互作用、相互渗透、相互冲突中不断展开对话，但又保持一定的张力。

---

① 马来平. 默顿命题的理论贡献——兼论科学与宗教的统一性. 自然辩证法研究，2004, 20(11): 105-109.

柯瓦雷科学编史学之
科学史观

在科学史发展进程中，"科学史这门学科在法国和美国的发展，柯瓦雷明显占有十分重要的地位。他关于伽利略、牛顿和科学革命的著作，是该领域的经典之作，应被给予重要的历史地位"[1]。继实证主义科学编史学之后，柯瓦雷的科学思想史学派盛行于 20 世纪 50～60 年代，并对后来历史主义与现代的科学社会学产生了重要的影响。在科学史界，柯瓦雷作为科学思想史学派的领军人物，对于其科学革命、科学实验、数学在科学中的地位等科学史观方面的问题研究较多，但是对于其历史建构的研究几乎没有。我们试图从柯瓦雷历史建构科学革命思想的理论与方法、思想来源等方面进行探讨，从中得出对当代科学史研究的有益启迪。科学史的研究对象、方法、任务及其意义，是其科学思想史的理论基础。为了凸现柯瓦雷的科学史研究纲领的特征，同时揭示柯瓦雷科学史研究纲领的本质，我们将柯瓦雷科学编史学的纲领归纳为以下三点。

（1）科学思想史是科学史的核心。

（2）科学史具有史学与哲学双重性。

（3）中世纪的科学在科学史上具有重要地位。

第一节　柯瓦雷的科学史观

柯瓦雷在对古代与中世纪等一系列哲学研究的基础之上，形成了他对科学史的基本认识，从而走向其一生所从事的科学史研究事业。根据后明之见（hindsight），即当人们知道某一事件的结果后就会夸大原先对此的预测，古拉克

---

① Chimisso C, Stoffel J-F. Bibliographie d' Alexandre Koyrè.Introduction by Paola Zambelli. Isis, 2004, 95 (4): 737-738.

说，"萨顿给我印象最深的是为科学史配置了基本的硬件设备，他对科学史的贡献最多只是一位传记家与宣传家"①。萨顿的纲领无法在实践中展开，而且几乎也不大可能完全展开。他自己写了一个4200页的科学史"导论"，一直追溯到14世纪，但是他的著作和其他有着同样宏大风格的工作对现代科学史没有什么重要意义。②

一、科学思想史是科学史的核心

对于柯瓦雷，他更像是一位科学史的软件设计师，正是由于科学史安装上了他的"科学思想史"系统，从而使科学史真正得以繁荣。在他的"科学思想史"系统内，他设计了自己独特的科学史的研究对象、研究方法、研究任务及意义软件，他将科学史的主题由进步史转向思想史，从而科学史的主题能够使人能产生浓厚的兴趣。这在很大程度上正是由于柯瓦雷改变了学科研究对象的本质所产生的深刻影响。在美国，科学史在严格意义上变成了一门独立的学科。从此，科学史的主题登上了历史系的讲台。库恩认为，对学科历史模型、可以共享的标准方法模型、一门学科或组织的先驱人物的认识是社会化进程的一个重要部分，科学家必须经历这个进程才能被认可为是该学科的学者。具体而言，"学科的发展史，研究内容、研究方法、研究任务、研究意义、学科的奠基者及其权威人士都是科学制度化的重要组成部分"。③缺乏任何一个组成部分，这门学科都无法真正独立地发展起来。

柯瓦雷认为，第一，科学史研究的对象，是原始文本中的知识以及知识的图像。科学史研究的内容，是科学思想的产生、来源与变革，特别是科学革命，及其相关伟大人物、科学家的研究。甚至对历史上科学理论与事实不一致性事件做出解释，这就诉诸对原始资料的考证。④实质上这种对原始资料的考证也是科学史研究的主要内容之一。科学革命以原始文本为立足点，以哲学思想的变革为根基，以宗教与历史为背景；对伟大人物，重视伟大人物的错误与相应的教训，而不仅是研究其成功的经验；对于科学家，重视研究科学家的行动，而不仅看其所言。

① Guerlac H. The landmarks of the literature. Times Literary Supplement (London), 1974-04-26.

② Sarton G. An Introduction to the History of Science. Batimore: Williams and Wilkins, 1927.

③ Fisher C S. The death if a mathematical theory: a study in the sociology of knowledge. Archive for History of Exact Sciences, 1966, (3): 137-159.

④ Thackray A. The origin of Dalton's chemical atomic theory: Daltonian doubts resolved. Isis, 1966, (57): 35-55.

第二，对于科学史研究的方法，柯瓦雷科学思想史的代表性方法则是概念分析法，还有一种与之相辅相成的重要的方法是语境分析法，概念分析适用于知识本身的研究，而语境分析则适用于对知识图像的研究，另外还有"思想实验"法、反辉格法等。

第三，科学史研究的任务，如果就知识本身而言，应解决知识及其来源、目标、合法化问题，如果就知识图像而言，就是要阐明科学思想的产生、组成、结构、变化与来源的研究，科学发展的内在联系研究，而这是最根本的任务。

第四，对于科学史研究的意义，在为自然科学提供资料，作为批判性评价方法与概念的分析工具，作为建构科学与人文的桥梁，作为哲学与科学社会学的研究背景，具有教育功能等实用主义基础之上，柯瓦雷还强调科学史的人文意义。他认为，科学思想的意义既在思想形成的历程中，又在其创造性的活动中。柯瓦雷常常强调，"科学史家将科学家、哲学家、史学家们各自的基本观点更紧密地联系在一起。科学史的成就表明科学史家存在的必要性，这不仅对于各自学科的进步有重要意义，而且还在于维护人文主义价值的重要意义。柯瓦雷在成功地定义与建构科学思想史模式的同时，还对解释科学哲学具有重要意义"①。

在科学史的创立者萨顿那里，只是对人与事的记录，而柯瓦雷则深入历史事实的背后，研究那些伟大科学家获得伟大科学思想的思考过程，揭示其所遇到的问题并对问题处理的过程，既要揭示其中的谬误，又应该承认其可取之处。他所揭示的是思想史，而不是编年史，因而具有真正认识层面的研究对象。这种科学史观念非常振奋人心。

柯瓦雷的研究由其人类思想统一性的最高信念所激励。对于柯瓦雷的人类思想统一概念，主要是相对科学思想而言，从狭义而言，他所要统一的是科学思想与哲学思想，从广义来看，他所统一的是从科学内部出发，一切与科学相关的思想，包括形而上学、宗教、神秘主义等非理性的内容。

在柯瓦雷看来，人类思想主要由哲学思想与科学思想组成。哲学思想与科学思想以既相互促进，又相互对抗的张力形式共存于思想统一体中。科学思想中反映了那个时代的哲学思想，反映了一定的世界观。宗教的教义对科学思想的形成也具有重要意义。柯瓦雷认为，如果不提及哥白尼的天文学，玻姆的神秘主义就不可能有价值。

---

① Cohen I B, Taton R. Hommage à Alexandre Koyré. Paris: Hermann, 1964: 22.

　　在思想组成之外，柯瓦雷特别强调研究科学思想的结构。这明显体现在他对柏拉图的研究中。对柏拉图的研究可谓仁者见仁，智者见智，可以从不同角度展现其丰富的思想内涵。而柯瓦雷在《柏拉图探析》中对柏拉图有非常独到的见解，柯瓦雷不仅展现了柏拉图的思想，还揭示了其思想结构。该书前半部分的主题是"对话"，对柏拉图的戏剧性而又辩证的方法的功能与影响给予精辟的解释，如对柏拉图的《米诺篇》(Meno)、《普罗泰戈拉篇》(Protagoras)、《泰阿泰德篇》(Theaetetus)的详细阐释。第二部分的主题是"政治"，几乎与《理想国》完全相同。研究《自辩篇》(Apology)、《斐多篇》(Phaedo)、《会饮篇》(Symposium)、《斐德罗篇》(Phaedrus)、《巴门尼德篇》(Parmenides)、《智者篇》(Sophist)、《斐里布篇》(Philebus)；有很短一部分是关于智者学派代表人物高尔吉亚(Gorgias，约公元前480～公元前375年)与《政治学》(Politicus)；而《蒂迈欧篇》(Timaeus)与《法律篇》(Laws)只是做了脚注。总体上，柯瓦雷认为，柏拉图的哲学观没有重大变化，柏拉图在政治中应用的技巧与科学具有相似性，都是将理论应用到实际问题的解决中。但是，班姆布鲁(Renford Bambrough)认为，柯瓦雷没有看到柏拉图主义与马克思主义、法西斯主义、天主教义逻辑结构的内在一致性。[①]

　　柯瓦雷重视对科学思想的研究很大程度上还要归功于梅耶逊(Émile Meyersons)的影响。梅耶逊是柯瓦雷自认的良师益友。柯瓦雷从神学问题和笛卡儿的研究出发，到科学史的主要转变，都曾受到梅耶逊思想的影响。柯瓦雷认为正是由于与梅耶逊长期的每周讨论，最终使他由哲学思想史转向科学思想史。柯瓦雷强调对科学思想研究，根源于他认为"梅耶逊哲学最基本的问题是科学思想问题"。[②]他还将对梅耶逊这一最根本的认同作为其科学编史学的基本原则之一。

二、科学史具有史学与哲学双重性

　　正如最初的科学与历史很难区分一样，最初的哲学与科学也难以区分。尤其在古代与中世纪，科学的发展主要诉诸早期的思想家，他们通过对经典著作的思辨，形成认识当前关注的新问题的重要思想。柯瓦雷之前的科学史家，多数本身就是科学家在从事科学的史学研究。随着科学史的建制化，在19世纪末

① Bambrough R. Partial view of Plato. The Classical Review, 1962, 12(2): 134-135.
② Koyré A. Die philosophie Émile Meyersons. Deutsch-Französische Rundschau, 1931, (3): 197-217.

20 世纪初的科学史阵营中还出现了一批科学哲学家，如孔德、坦纳里等。因而，从科学史的职业化之始，就出现了史学与哲学的结合。

第一，科学史与哲学在理论上的融合。科学史研究范式及其转换与科学哲学的发展密切相关。重大科学哲学理论的提出常常伴随着科学史研究的转向。就库恩的范式理论而言，范式是指特定的科学共同体从事某一类活动所必须遵循的框架或模型，包括世界观、基本理论、方法、仪器等诸多方面，是科学共同体从事科学活动所具有的共同的立场、工具与手段；范式理论表明，科学的发展是其新旧范式的转变，其动态发展模式为：前科学时期→常规科学（形成范式时期）→反常→危机→科学革命→新的常规科学（形成新范式时期）；根据范式理论，库恩认为全部科学，特别是发展成熟的学科都适用于这一理论。魏屹东教授认为，这一理论也能在某种程度上说明科学史的转向，即科学史由内史→外史→综合史的转向实际上也是一种范式的转变过程，即"内史范式→外史范式→综合史范式，其中每一个范式的微观机制为：前科学史时期→常规科学（形成范式时期）→反常→危机→科学史革命→新的常规科学史"。[①] 前科学史时期与常规科学史的划分大致以萨顿和柯瓦雷认为的时期为标志，在萨顿和柯瓦雷之前，职业的科学史家还没有出现，科学史的著作多由科学家所写，科学共同体还未形成；在萨顿和柯瓦雷期间，萨顿的实证主义编史学和柯瓦雷的科学思想史创立了科学史研究的基本范式理论，并在美国与欧洲大陆得到了广泛的认可与传播，从而不断壮大了科学史研究队伍。然而，萨顿和柯瓦雷的科学史主要基于内史，其研究内容以牛顿之前的科学为主，而未必适合于现代科学的发展规律，特别是随着科学社会化进程步伐的不断加快，他们的内史主义研究传统不免受到外史主义者的批判与挑战。这一时期是科学史自身出现反常，以至于受到外史主义极大挑战的危机时期。外史主义由于默顿、贝尔纳等的发展，特别是经过对默顿命题的激烈争论所引起的巨大反响，至库恩《科学革命的结构》奠定了外史新范式的理论框架。因而，该书的对外史范式理论形成的重大影响可以被看作科学史由内史转向外史时期的一场科学史革命，可谓是"名副其实"的"科学革命的结构"。20 世纪 80 年代，科学史基本上完成了由内史范式到外史范式的转变，从而进入了新科学史范式形成的常规时期。

第二，科学史与哲学在方法上的融合。科学史方法相应于科学史的转向，也经历了由内史方法、外史方法、综合方法的转变过程。与此相应地，内史方

---

① 魏屹东，郭贵春. 科学史元理论问题的哲学透视 // 郭贵春. 走向建设的科学史理论研究——全国科学史理论学术研讨会文集. 太原：山西科学技术出版社，2004：13.

法中的实证主义方法、外史方法中的历史主义方法、综合史中的系统分析法，本质上就是一种哲学分析方法，或至少是哲学分析方法在科学史研究中的反映。

实证主义方法本身是一种哲学分析法，首先将这种方法引入科学史研究的人是法国哲学家孔德。孔德（Auguste Comte, 1798-1857）从实证主义科学观出发，强调统一性的科学史研究。他认为，社会同自然没有本质的不同，因而没有必要在自然科学和社会科学之间作出划分，应该将自然科学与社会科学统一于科学史研究之中；在方法上，孔德认为，获得实证知识有四种方法，即：观察法、实验法、比较法、历史法，他强调将这些具体方法贯穿于科学史的基本思想之中。在孔德实证主义的深刻影响下，本世纪初，科学史大师萨顿创办了综合性的科学史刊物 *Isis*，编写了巨著《科学史导论》，其中反映了他的编史学理念与方法。萨顿的科学史研究的最高目标是建立科学的人文主义科学史观，他主张将纯史学、哲学、社会学相结合，这些思想表现在方法上，就是他的文献编目法、引证说明与分析法、内容容量分析法、集体传记统计分析法等，这些都是实证主义分析方法的体现。尽管萨顿倡导史学与哲学相结合、科学与人文相结合，实际上，他的"百科全书"式的科学史研究主要以内史为主。

20 世纪 50 年代末，随着逻辑实证主义的不断衰落，证伪主义为其注入动态的历史分析的活力，科学哲学的历史主义研究传统大大推动了科学史研究的外史转向过程。历史主义分析法应用于科学史研究中，强调不应该按设立理论框架通过理性与逻辑建构科学史，而应该从科学史出发，从历史实际中建构真正的科学史思想。在此，历史主义的代表人物库恩明确提出，在科学史研究中，有必要将科学哲学与科学史相结合，以探寻科学发展的规律与机制。

20 世纪 70 年代，系统科学的观念与方法的兴起，引起了逻辑分析与历史分析之争、内外史之争等严重冲突，其结果是在科学哲学中，出现了以邦格（Mario Bunge）为代表的系统主义方法论，这在一定程度上反映了综合的思想。他广泛运用系统论、控制论、信息论的研究方法，将社会划分成经济、政治与文化三个子系统，将其看作一个完整的输入与输出系统，研究其状态与变化。受邦格这种系统思想的影响，科学史研究出现了综合的倾向，他们将科学史本身看作一个系统，强调研究社会、经济、政治等因素对科学的制约与影响，在方法上，强调逻辑与历史相统一、思想史与社会史相统一、内史与外史相统一的综合史研究方法。

第三，史学与哲学结合的产物是科学思想史的出现。柯瓦雷将史学与哲学相结合的典范，开创了科学思想史的研究传统。他以哲学为基础，树立了科学史的一派新风。从柯瓦雷的教育背景来看，柯瓦雷在大学求学期间，主要学习的是哲学，他的博士学位也是哲学方面的。从其思想产生重要影响的人物来看，不论是对其哲学思想的产生决定性影响的人物——现象学大师胡塞尔，还是对他重视历史产生重要影响的康拉德 - 马休斯，他们都是现象学的泰斗。从柯瓦雷研究的内容来看，柯瓦雷在转向科学史研究之前，一直在从事哲学研究，他曾研究过圣·瑟伦哲学、玻姆哲学，还对康德、黑格尔等有深入的研究。

对于科学史的认识，柯瓦雷认为，科学思想必须置于哲学史、宗教史与社会史的语境才能被理解。人类的精神，是教条哲学史或者一种科学理论，同时也隐含了我们对出现于其中的宗教、科学、政治认识。事实上，"许多人包括波义耳和牛顿在内，都认为摩西拥有一种神圣的洞察力能深入自然的本质"[①]。对于柯瓦雷而言，宗教史、社会史、哲学史、科学史需要紧密地联系在一起：我们不能忽略其中任何一个。正如年鉴学派创始人费夫贺（Lucien Febvre, 1878-1956）所言，"如果我们不考虑前辈们的思想与文化语境，而按照现在的思想标准评价，就要承担时代错误（anachronism）的极大风险"。[②]

关于科学哲学和科学史之间的关系，劳丹的论断是有代表性的："科学哲学家（至少是在其行列中的许多人）变得确信，只有当联合起来研究时，科学史和科学哲学才会有意义。相反，在科学史家当中普遍盛行的观点，大致是说应该迅速地把提出联姻的哲学求婚者打发走。"[③] 这种情况表明，在科学史家看来，科学史和科学哲学这两门学科之间是有隔阂的。

三、中世纪的科学在科学史上具有重要地位

在科学史上，中世纪常常被称为"黑暗"时期。其原因在于，这一时期的科学几乎停滞不前，没有辉煌的科学成就，因而，有人认为，近代科学的诞生归功于文艺复兴时期的成就，而不是中世纪。但是，甫斯特尔（Numa Denis Fustel de Coulanges）早在 1871 年就以明睿的眼力指出，"关于中世纪的精确的和科学的，诚实的而非派别的认识，对于我们社会来说是某种具有头等重要性的东西，因为这种认识是结束一些人无意义的向往，另一些人空洞的乌托邦和

---

① Sailor D C. Moses and atomism. Journal of the History of Ideas, 1964, 25(1): 3-16.
② Cohen I B. Alexandre Koyré In America: some personal reminiscences. History and Technology, 1987, (4): 55-70.
③ 任军. 科学编史学的科学哲学与历史哲学问题. 社会科学管理与评论，2004,(4): 24-31.

许多人的憎恨的最佳办法"①。

柯瓦雷将中世纪的科学作为伽利略运动思想的部分来源。柯瓦雷在《伽利略研究》中，就将中世纪物理学中的科学成分作为伽利略落体运动思想的来源。柯瓦雷将中世纪与文艺复兴时期的物理学划分为三个代表不同思想形式而又相互联系的阶段，从而展现伽利略落体定律与惯性定律的不同知识来源。第一个阶段是一直到 17 世纪的亚里士多德的物理学，认为运动远非像数学所展示的那样完美。第二个阶段源自古希腊的冲力物理，以贝内代蒂（J. B. Benedetti）、布里丹（Jean Buridan）和奥雷斯姆（Nicole Oresme）为代表。对于冲力物理，贝内代蒂没有使其观念公式化，他认为真空概念与在其中的运动不可能，因为他质疑运动的非数学思想，而这正是传统物理学的基础。第三个阶段是实验与数学思想的重要影响所引发的物理革命。伽利略认为，数学只是将事实具体化，他所关心的是将事物精确化，认为事物不需要完美。在厘清对运动概念的认识这一过程中，伽利略坚定地将数学原则应用于物理学中，"尽管伽利略的研究中有很多偏见，但是并不妨碍真理的形成"②。

柯瓦雷强调中世纪科学的进步意义基于他的反辉格立场。历史上，辉格与反辉格的历史解释方法一直是科学史界存在争议的基本问题之一，前者的方法是"以今论古"，后者的方法是"以古论古"。前者强调过去与现在的相似之处，而后者强调过去与现在的不同之处。

首先阐释反辉格法的来源。辉格原本是英国 17 世纪的一个党派的名称，该党主张支持国会，抗拒王权，信仰宗教自由。19 世纪时，辉格党的历史学家把英国政治史描写成向着辉格党所代表的理想民主社会不断进步的历史，这种编史学被称为是辉格史（Whig History）。英国历史学家巴特菲尔德（H. Butterfield, 1900-1979）首先将这种关于英国史的编史学引入到科学史研究中来，用于对历史事实的评价。所不同的是，巴特菲尔德所坚持的不是辉格史的方法，正好相反，在他的《历史的辉格解释》一书中强烈批评这样一种英国政治编史学的传统，他在历史研究中，提出反辉格的方法，意思是"用一只眼睛研究过去，即立足于现在研究过去"。巴特菲尔德认为，过去的历史才是真正意义上的历史。辉格史以今天的理想和目标衡量过去，从而忽视了真正意义上的历史。巴特菲尔德这一提法在科学史界的重要影响在于，科学史家由辉格史倾向转向了反辉格史的立场。在科学史领域，辉格史倾向几乎是一切作为科学家的科学史家的

① 李醒民. 略论迪昂的编史学纲领. 自然辩证法通讯, 1997,(2): 38-47.
② Santillana G. New Galilean studies. Isis, 1942, 33(6): 654-656.

"缺省配置"。① 库恩在回顾科学史学科的发展史时，也批评了过去盛行的辉格式的科学史，之前科学史的目标是通过当代科学方法或概念的演化来澄清和深入地理解科学，史学家的典型做法是选择成熟的学科。研究其理论和推理方法形成的时间、背景与制约因素。而其中出现的错误或不相干的观测数据、定律或理论极少被考虑。

柯瓦雷是反辉格法的倡导者。他在总结自己的编史实践时说："科学思想史，就我的理解以及我据此努力实践的而言，旨在把握科学思想在其创造性活动的过程本身中的历程。为此，关键是要把所研究的著作置于其思想和精神氛围之中，并依据其作者的思维方式和好恶偏向去解释它们。已经有太多的科学史家为了使古人经常晦涩、笨拙甚至混乱的思想更易理解而将其译成现代语，在澄清它的同时却也可能歪曲了它。"② 他坚持回到古人那里，强调在当时的历史背景中，通过当时的哲学与宗教思想的分析，评价当时的科学思想。

柯瓦雷在强调反辉格法的同时，还注重在反辉格与辉格之间保持一定的张力。柯瓦雷认为，"无限宇宙是经验科学的基础，是纯粹形而上学的概念"。③ 但是开普勒认为，无限宇宙的说法在科学上毫无意义。这一说法有两个前提，一是充足自由律，二是天文学自身只涉及可观测的数据或只处理现象的特征，对此，柯瓦雷从亚里士多德时代考察这一概念的渊源，通过开普勒同代人的观点进行了讨论，甚至以今天的标准批驳他的观点，最终以当时的标准，包括神学的角度对开普勒的观点的合理性作了阐释。柯瓦雷认为，开普勒反对无限宇宙的形而上学说法是因为他是个虔诚的基督徒，他认为，世界象征上帝的三位一体的表达，其结构处处体现着数学的秩序与和谐，这就表明了世界的有限性，而不是无限世界。柯瓦雷认为，开普勒还从亚里士多德那里找到了有限性的证据。与开普勒同时代的哲学家们，也有对无限性的赞同者。如布鲁诺就曾断言，宇宙是无限的，每一个恒星构成一个世界，而多个恒星就形成了无穷多个世界。吉尔伯特甚至就认为，只有认为上帝创造了一个无限世界才能理解上帝的无限能力。对此，开普勒反驳到，如果世界是无限的，我们在既没有界限、也没有中心的世界中，如何为自己定位呢？柯瓦雷首先用今人的观点对此作了不合逻辑的批判，但是他强调，如果从开普勒无限宇宙的前提出发，他的观点则前后

① 吴国盛. 什么是科学史: 2003 年 9 月在北京大学的演讲. http://wenku.baidu.com/link?url=Cr3u0W_px-AzCIAn JijLTyKlgn5bNHh6V4hVpozn2VNzjSC_iwcKRAe8RbfWPmlIsq66TGpNr0wt2497AF2iRLh_7uac3ROKKX6IyJg_bbS[2010-04-20].
② 柯瓦雷. 我的研究方向与规划. 孙永平译. 自然辩证法研究, 1991, 7(12): 63-65.
③ 柯瓦雷. 从封闭的世界到无限宇宙. 邬波涛，张华译. 北京: 北京大学出版社, 2002: 48.

一致，且推理得当。基于第一前提，如果宇宙是均匀无限的，则恒星也一定均匀分布。而根据第二前提，开普勒的时代，在望远镜还没有广泛应用之前，所谓"现象"就是我们看到的世界，而不是我们想到的世界。从中我们可以看到非常重要的一点，柯瓦雷的反辉格倾向并没有走向另一个极端，而是在辉格与反辉格的历史解释之间保持了适当的张力，他在开普勒无限宇宙概念的观点合理性的解释是建立在其两个前提基础之上，但同时也以今天的标准对其进行了批判。

第二节　柯瓦雷与李约瑟科学史观的比较

柯瓦雷与李约瑟（Joseph Needham, 1900—1995）都是 20 世纪著名的科学史家。柯瓦雷是科学思想史的领袖人物，而李约瑟由于对中国科学思想的重要研究成果从而确立了他在世界科学史界的重要地位。对于两者科学史观的比较，有利于突出柯瓦雷科学史观的特征，揭示出进化与革命、内史与外史、西方与东方一直是科学史界存在争议的基本问题的不同径路，这对于科学史研究具有重要的启发意义。

一、科学的革命与进化

科学发展的革命性与连续性模式问题是科学史的中心问题之一，也体现了柯瓦雷与李约瑟科学史观的根本差异。科学发展的革命性与连续性问题实质上是科学史编史学结构框架的组织问题。柯瓦雷与李约瑟从各自的角度对科学进行了不同的阐释。但是，最根本的不同在于对科学本质认识的差异所导致的编史学结构的差异。科学编史学的传统是以时间编排，如 17 世纪的科学，18 世纪的科学，19 世纪的科学与 20 世纪的科学。这种编史传统具有很大的主观性，而且不能反映科学内部的发展联系与未来发展的趋势。某一学科发展的综合史与所选问题相关。一方面，对于科学而言，中世纪的成分就很少；另一方面对于宗教等方面，中世纪的成分占重要部分。这就涉及不同时期的权重问题。对于科学革命的编史学研究，有许多不同的观点。[①]

首先，传统的科学编史学强调科学发展的连续性。以萨顿为代表的传统编

① Porter R. Revolution in History. Cambridge: Cambridge University Press, 1986: 290–316.
　Clark W. Narratology and the history of science. Studies in History and Philosophy of Science, 1995, 26(1): 1–71.

史学通常根据史学家的方法，按照各种事件发生的历史过程、自然的时间顺序组织科学的历史，如古代科学、中世纪的科学、文艺复兴时期的科学、现代科学等，这种组织科学历史的方式无法揭示出科学本身的发展规律。其弊端在于，科学内在的逻辑发展不一定与时代同步，有些科学家的思想有可能超越他当时的那个时代，当时他的思想不能被人们所理解，而多年后，人们才逐渐接受他的思想，如果以时间顺序来描述这一科学思想的内在逻辑演化过程，很容易产生计时错误的问题。尽管按照历史和时间顺序组织的科学史较为简单，但是应该谨慎使用，否则会产生时代错误的问题。持这种观点的科学史家中以杜恒为代表，杜恒甚至认为，科学革命不过是一种幻想。其实，科学的几何化与数学化特征在中世纪末期就已经出现了。克伦比也持相似的观点："现代科学的大多数成功归因于各种归纳方法及其相应程序的使用，这些程序组成所谓的'实验方法'……对此以现代的系统方法从定性方面来理解，至少可以说，这些方法是由13世纪西方的哲学家们创造的，正是这些哲学家们，推动了希腊的几何学方法介入现代世界的实验科学的进程。"[1]

成熟的学科史研究一般注重科学的革命性。在科学的历史进程中，可能被认可的科学革命时期有两个：一是17世纪的科学进步时期，他们将科学与数学相结合，特别是将物理科学牢固地建立在数学哲学的基础之上，将实验方法引入科学研究之中，这种自然数学化与空间几何化的趋向引发了人类宇宙观巨大变革，因而，17世纪被看作科学革命时期受到了广泛的认可，持这一观点的代表人物有柯瓦雷、巴特菲尔德等；另一个时期是13世纪，这一时期的科学家中出现了著名的英国哲学家罗吉尔·培根（Roger Bacon, 1214—1294），他提倡经验主义，主张通过实验获得知识，科学家大阿尔伯特（Albertus Magnus, 1200-1280）具有系统化的思维逻辑，他的学生意大利神学家托马斯·阿奎纳（Saint Thomas Aquinas, 1225—1274）利用亚里士多德的学说解释教义，从而创立了庞大的经院哲学，树立了亚里士多德和中世纪的圣·奥古斯丁思想的权威地位。

其次，我们通过对坚持进化论的科学史家李约瑟与坚持科学革命观点的科学史家柯瓦雷的比较，以全面认识柯瓦雷关于科学革命的观点。

李约瑟进化论的科学史观认为，近代科学的主要特征是数学方法与实验方法的结合及应先对自然现象进行数学假设，然后通过系统的实验验证。然而近代科学与古代、中世纪的科学相比，是将之模糊性与神秘主义成分逐步消除。

---

[1] Kragh H. An Introduction to the Historiography of Science. Cambridge: Cambridge University Press, 1990: 76.

柯瓦雷也认为，科学的本质在于应用各种数学方法研究自然，并且，数学的理论优于经验，科学理论的变革是决定科学革命的重要因素。柯瓦雷将数学与实验置于不同的地位，并赋予数学理论的优先地位，从而使科学理论在科学革命中确立了主导地位。"我想我们大家一般都同意只有一元化的自然科学，在各个人类集团的世世代代努力之下，即使是很多的，但还是或多或少地靠拢起来，或多或少地建立了一元化的自然哲学，这就是我们期望追踪出一个完全连贯性，从古代巴比伦、埃及天文学、医学的最初起源，经过中世纪中国、印度、阿拉伯和古典时代西方世界自然科学知识的发达，一直到后来欧洲文艺复兴时代的突破……一切科学都清楚地包含了一种思想上的连贯性。"[1]迪昂也持这种观点，认为科学革命不过是种幻觉，17世纪不是一个特别的革命时期。克伦比认为，"现代科学的多数成就归功于归纳法的使用，其程序所组成的实验法……至少现在对其定性的理解，此方法源自13世纪的哲学家。正是这些哲学家，将希腊的几何方法改装成现代的实验科学"[2]。

柯瓦雷的编史学坚持科学革命的观点。[3]他将17世纪科学的历史看作一场革命，特别是伽利略建立其动力学基本理论的历史看成是科学革命。并将之视为西方近代科学的发源地。库恩在基础上还提出了科学革命的范式理论，将科学革命分为常规时期与革命时期。常规时期，科学按照普遍承认的一套范式从事科研，当科学发展到一定时期，出现了科学危机，就会爆发科学革命，从而形成一套新的规范。然后又进入常规时期，如此循环往复。此外，还有美国科学哲学家费耶阿本德的"增生"原理等。然而，正是科学的革命性与连续性这对张力使科学不断向前发展。如果仅强调科学发展的革命性，就无法解释中世纪科学思想的来源。如果仅看到科学发展的连续性，就忽视了17世纪科学所取得的辉煌成就。

最后，柯瓦雷过度看重科学革命的作用是柯瓦雷科学史观的缺陷之一。关于科学革命的真实性，科学史家们已经有过众多的讨论。如果将科学的特征看作一种批判方法，一种实验与逻辑技巧，如归纳与演绎，科学只能是不断进化的，科学革命不过是一个空洞的标签。如果将科学理论作为科学的主要特征，科学则是一种科学革命。如果现代科学的特征是制度化与社会化，则科学应该是一种科学革命。由此，科学的连续性与革命性反映了对科学特征的不同认识。

---

① 李约瑟. 近代科技史作者纵横谈——在第十五届国际科学史会议开幕式上的讲话. 龚方震，翁经方译. 社会科学战线，1979,3：184-190.

② Kragh H. An Introduction to the Historiography of Science. Cambridge: Cambridge University Press, 1990: 34.

③ 第三章第二节有专门阐述，这里不再赘述。

但是，如果按照柯瓦雷的观点，将 17 世纪的科学仅认为是一种革命，就会产生李约瑟式的疑问，虽然科学革命能从科学内部意义上揭露科学进步的过程，但是不能说明不同文明中科学发展的不平衡问题。

二、西方中心论与世界主义

柯瓦雷与李约瑟科学史观的重要贡献都在于对科学思想的来源进行了不同的阐释。

第一，柯瓦雷的思想倾向于西方中心论。然而，不论是从亚里士多德、贝内代蒂到伽利略的物理学，还是从哥白尼的天文学到牛顿的空间概念认识的变革，柯瓦雷始终都是对西方科学思想进行的研究。这就不免遭到西方中心论的批判。如柯瓦雷的《伽利略研究》，通过对 17 世纪的科学革命的深刻地分析得出，这一革命所带来的不仅是我们思想的内容，还有我们思想的结构。这场革命的本质是由无限的宇宙代替了存在于古代与中世纪人的头脑中的有秩序的、有限的宇宙，最重要的结果则是导致运动、空间、认知与存在等认识发生变革。第二次世界大战之后，柯瓦雷转向对科学革命中科学发展问题的研究，特别是对牛顿与莱布尼茨的研究，最具代表性的则是《从封闭世界到无限宇宙》，柯瓦雷以详实的论据充分证明了对空间认识的观点的转变是哥白尼科学革命的必然结果。

第二，李约瑟的科学史研究倾向于世界主义。李约瑟的世界主义倾向强调他特别是从通过对西方文明与东方文明的世界范围内研究科学史的观点。他最重要的贡献则是对中国科学思想史的研究，阐明了东方文明在世界文明中的重要地位。他与柯瓦雷一样强调近代科学与之前所有的中世纪科学的联系，但他并不是从探讨近代科学源于中世纪的起源角度而言，而是从东西方科学比较的角度出发，认为西方中世纪的科学并不具有比其他文明的科学更具优越性，"我们需要研究近代科学出现之前的所有古代与中世纪的体系，并且在和当代思想形式比较时加以说明，遵循这一方法，我们不仅应该对公元前一世纪以来中国人的太阳黑子记录，对陶弘景在公元五世纪做出的世界上最早的钾盐燃烧试验，对公元 1300 年胡特卜·阿丁·设拉子关于虹的光学现象第一个做出的正确解释表示我们的敬意，把它们看作走向近代科学的明确的步伐"①。

第三，柯瓦雷囿于西方中心主义的窠臼。柯瓦雷认为，欧洲中世纪的科学

---

① 李约瑟. 近代科技史作者纵横谈——在第十五届国际科学史会议开幕式上的讲话. 龚方震，翁经方译. 社会科学战线，1979,3 : 184-190.

史具有一定的科学性。他在从事哲学学习与研究过程中，通过对宗教、神秘主义等中世纪"异端"思想的仔细研究，看到了这些宗教史、神秘主义思想与科学思想的联系。并将这些思想作为理解科学思想的背景。正是基于这些不同哲学思想如何都能被理解的问题，使柯瓦雷从哲学研究转向科学思想史研究。无论是经院哲学，还是德国的神秘主义思想，柯瓦雷的研究范围始终还是没有超越西方的范围。与他类似的李约瑟，其最大的功绩就是从大量被儒家学者视为异端的文献中，发现了大量资料，表明中国人在许多方面都走在那些创造出著名的"希腊奇迹"的传奇式人物前面，并在公元 3 世纪到 12 世纪一直处于世界领先水平。所不同的是，李约瑟在看到了西方科学所取得的巨大成就的同时，还看到了东方文明所创造的辉煌，而在他之前，这一点在科学史上鲜为人知，很少人知道中国人对世界文明所做出的重大贡献。

柯瓦雷的西方中心主义强调他的研究的范围限于西方科学，这表现在他研究的内容都是西方科学思想的发展，他研究的重心是 17 世纪的科学革命，他研究的目标也是探索西方近代科学思想的起源及变革。虽然他坚信人类思想的统一性，但是这种统一是科学与哲学、宗教等思想的统一，而不是世界意义的统一。这就忽视了东方文明对科学发展的重要贡献。对于东方古代科学的繁荣与西方近代科学的辉煌的联系，李约瑟做了详细的研究。他认为，中国的"有机论"以"通体相关"体系为基础，以公元前 3 世纪的道家学派为代表，12 世纪的程朱"理学"将之系统化。而欧洲的"原子论"，由众多哲学思想家如恩格斯、黑格尔、莱布尼茨的铺垫，进入了达尔文、牛顿与爱因斯坦开创的科学辉煌时代。他认为，"也许，现代'欧洲的'自然科学理论应该归功于庄周、周敦颐和朱熹等，要比世人至今认识的更多"。[①] 但是柯瓦雷并没有意识到这个问题，也可能意识到而没有来得及研究。

第四，对西方中心论与世界主义的正确认识。中西科学史比较研究中，存在西方科学与中国科学的不同参照标准问题。就科学本身而言，科学具有普遍性，科学无国界，这已经成为人们的共识。科学的普遍性表明，科学可以存在于任何国家，不论是发达国家，还是发展中国家，抑或是不发达国家；科学可以存在于任何时代，春秋与战国时期、明清时期、现代等；科学可以存在于不同的文化传统中，不论是西方的逻辑思辨的思想文化传统，还是东方天人合一的思想文化传统。然而，正是由于科学的普遍存在性，不同的思维方式，不同

---

① 李约瑟. 李约瑟中国科学技术史. 第二卷. 科学思想史. 北京：科学出版社，上海：上海古籍出版社，1990:538.

的政治制度，不同的文化传统，同时也造成了科学发展的不平衡性。不可否认，一方面，在世界范围内，现代西方科学技术仍然在很长时间内在很多方面都处于国际领先水平，然而，我们也不能忽视对东方文明的研究；另一方面，即使是曾被人们认为是黑暗的中世纪时期，事实上，其中也不乏科学的进步。柯瓦雷认为，对于科学史研究，重要的不在于常人眼中对胜利、发现和发明的关注；特别是对于科学思想史研究，不在于将伟大的科学家偶像化，而在于研究科学思想排除困难、获得正确认识的历程，其中不免经历曲折的道路，甚至在这条道路上经常有误入歧途的可能。然而，科学思想家的错误和失败，特别是伽利略和笛卡儿的错误，他们的失败和他们的成功一样有价值，或许更重要。因为，他们所犯错误更具有教育意义，它能让我们去理解和把握他们思考问题的真正过程。因而，对于世界不同地域的科学，研究科学史的真正意义是在特定的语境中，把握获得科学思想的过程，而不在于赞扬科学思想的胜利。

有学者给出了一个比较中肯的解释，"当人们进行比较时，事实上都不自觉地以西方科学为标准，因为它已经成为大家普遍接受的范式。我认为这是很合理的，也是科学的，成为范式同时就意味着成为某种标准。只是在比较时，不要将此标准绝对化，不要处处以标准衡量其他文明的科学，毕竟范式也是有反常的。李约瑟的研究表明，中国科学也是一种范式，只不过是原始式的"[①]。

三、内史主义与外史主义

科学史上一直有研究内史的传统，强调科学史应该从科学本身出发，来研究科学发展的规律。近代科学的形成过程中，科学为人类创造了巨大的物质财富，工业革命使人类充分认识到科学的巨大力量。但是随着科学的不断进步，也带来了环境恶化、生态危机等问题，另一方面，由于科学技术在战争中的应用，给人类带来了巨大的灾难。使人们不得不对政治、经济、社会等方面对科学影响加以重视。从而，就有了科学的外史研究。而在后现代的科学哲学研究中，"走向科学主义与人文主义的统一已成大势所趋，如罗蒂与范弗拉森等便是其中的代表"[②]。

一般认为，柯瓦雷是个内史主义者，然而，这也不完全正确。因为，柯瓦雷在晚年，也开始强调社会因素的作用。科学革命是柯瓦雷的科学史作为脱离

---

① 魏屹东. 李约瑟难题与社会文化语境. 自然辩证法通讯，2002，(3): 15-20.
② 乔瑞金. 走向科学主义与人文主义整合的当代哲学. 自然辩证法通讯，2000，(5): 13-14.

实体思想的范式。其重点在于深入研究由科学革命所导致的科学变化所存在的特定语境，研究关于科学知识的本质和抵制科学变革的世界的本质。有人认为，这里丝毫看不到社会的因素；这是思想产生思想。这里没有最真实的历史事实，没有感觉与经验，没有合法的历史来源。如果可以对内史－外史进行划分，则柯瓦雷在科学史中被认为是内史主义者。柯瓦雷认为，对他而言，科学的存在不可能从社会结构中推理出来，也不能从认知心理学中推理出来。如果哲学不算作科学，则柯瓦雷可以看作外史研究的第一人。其实，他自己的思想本身就处于内史与外史之间的一个过渡状态。托马斯·库恩在 1976 年的一篇论文中明确地提到，柯瓦雷与其他人与默顿不同在于柯瓦雷考虑外史思想，而默顿集中于经济的和制度的因素。

李约瑟则是明显从中西方的社会经济结构中寻找科学的同构成分。他本人多次申明这一点，"也许更值得庆幸的是，我早就对科学与社会的关系感兴趣，换言之，我的立场是社会学的观点"①。他认为，中国的科学在古代和中世纪处于领先地位，但是在近代没有产生科学革命，应该从社会经济结构中寻找原因。他不仅考察了中国科学史本身的传统特点，而且还探讨了中国古代社会、政治结构、思想文化传统等因素对科学技术的影响，揭示了中国古代科学技术发展的历史过程。

柯瓦雷具有重内史，轻外史的倾向。柯瓦雷的研究主要局限于近代科学的起源，通过对天文学与物理学的研究，探寻科学发展过程中科学思想内容与结构所发生的变化。②他认为，影响科学发展的主要因素应该从科学本身来考察，社会因素对科学发展的影响程度不足以作为主要因素。但是，柯瓦雷又强调，从哲学与宗教的背景中，来解释科学思想的发展。因而，如果按照从科学本身，而不是社会角度来看，他也有一定的外史倾向。当然，在晚年，他也已表示应该重视社会因素的外史倾向。不论如何解释牛顿的炼金术成果，不经过周密分析而忽视他们也不可取。柯瓦雷曾将牛顿炼金术方面采取视而不见的态度，这无疑会使对牛顿的认识缺乏完整性，"如果我们要研究那些手稿，我们必须全面加以研究，要说牛顿是从事该活动的炼金术士，不一定是神秘主义者，也不必否认所坚持《自然哲学的数学原理》的现实。我们唯有接受那些像数学论文一

① 戴建平. 李约瑟科学史观探析. 自然辩证法通讯, 2000,22(4): 66-70.
② 对于天文学的特征及其建构，尼克·贾丁（Nick Jardine）的观点与威斯特曼（R. S. Westman）有不同见解。见 Westman R S. The astronomer's role in the sixteenth century: a preliminary study. History of Science, 1980, 18(2): 105-147; Jardine N. The places of astronomy in early modern culture. Journal for the History of Astronomy, 1998, 29(1): 49-62.

样真实的手稿证据"①。

　　李约瑟的外史主义更多的是强调社会经济与科学的同构成分。他认为，内在论者的观点他们本质上一直是自主主义者。近代科学诞生于西方，如果按照内在论的观点，那么只能说是西方文明按自身逻辑发展的必然结果。西方人其他一切种族来说，拥有天生的优越性。

　　柯瓦雷则强调研究文化语境对科学思想的影响。这一原则告诫人们，不要过多注意科学家所言，而应该重视科学家的实际行动，如从现象学的角度阐明他们的工作，从科学家的角度对其建构的理论进行描述，这就隐含了建构论的思想。柯瓦雷深信自己受梅耶逊影响，指出这一点非常重要。事实上，他扩展了梅耶逊的纲领。梅耶逊主义哲学有两个基本原则，第一个原则，哲学最基本的问题是"科学思想问题"，第二个原则，在社会结构中理解人类本身是先天的，辩证地看，先天本身永恒为真，相比而言，后天的历史过程正好相反。这里，他充分强调语境的作用。艾拉卡娜（Yehuda Elkana）认为柯瓦雷以认识论者的角度研究科学思想，并将某些细节置于历史背景下研究。他和库恩一样，没有放弃寻求由社会因素决定的思想产生知识的历史解释，他只是把自己限于科学本身的研究，他只是不像默顿那样将不同经济的、制度的、思想的因素都放在一起考虑。事实上，他也是科学知识历史社会学的创立者之一，他和梅耶逊一道并推进了他的工作。他和默顿类似，默顿有部分工作与他重叠，与库恩类似，在某种程度，继承了他的工作。②

　　从柯瓦雷与李约瑟科学史观的思想来源来看，柯瓦雷的科学史观是由其科学哲学观所建构的。其中，现象学大师胡塞尔与康拉德 - 马休斯都是其哲学思想的启蒙老师，对柯瓦雷从哲学角度对科学概念进行逻辑与历史的研究产生了决定性影响。柯瓦雷自身所研究的领域，无论是从古希腊、中世纪还是到文艺复兴时期，甚至于近代，还是从亚里士多德、布里丹、伽利略到牛顿，以及对哥白尼天文学的研究，柯瓦雷从纵向与横向两个方面对空间、时间与运动等概念做了历史与逻辑的综合分析，从而揭示了近代科学中有中世纪科学的成分。在科学革命中，人类思想范围从封闭走向无限；人类思想的结构由等级结构、秩序化的结构走向多元化结构。人类思想的内容与结构，科学革命思想的来源，中世纪思想的意义等方面，柯瓦雷的角度始终是立足于哲学的视角。而在哲学

---

① Westfall R S. The changing world of the Newtonian industry. Journal of the History of Ideas, 1976, 37(1): 175-184.

② Elkana Y. Alexandre Koyré: between the history of ideas and sociology of disembodied knowledge. History and Technology, 1987, (4): 115-148.

之外，社会、经济、政治等与科学也具有同构成分。李约瑟的科学史观的立足点正是这一层面。斯宾塞的社会有机体的生物进化论、怀特海的心物一元论与马克思的唯物史观对李约瑟科学史观的形成具有重要意义。李约瑟认为，世界是从无机到有机不断进化的连续过程。其中，社会作为一个有机体与斯宾塞的社会有机论具有内在一致性，将社会与人看作社会的统一体秉承怀特海的心物一元论，特别是马克思的唯物史观，从社会经济角度分析社会的基本观点，是李约瑟研究中国科学技术史的思想前提与方法论基础。他认为，"在探讨历史因果时，社会经济环境，社会结构等会是影响科学发展的最典型的原因"[①]。很明显，从社会经济角度分析科学发展规律而言，他是一位外史主义者。

通过以上对柯瓦雷与李约瑟科学史观的比较，可以突出柯瓦雷科学史观的特征，特别是对科学史研究中一直存在争议的问题，柯瓦雷对科学发展的进化与革命的模式、科学编史学的内史主义与外史主义、对科学认识的西方中心论与世界主义等本质问题的认识，同时也显现出柯瓦雷科学史观的缺陷。

第三节　柯瓦雷科学史观的现实意义

研究柯瓦雷科学史观，体现了柯瓦雷对科学史研究本质问题的求解，阐明了科学史对于理解科学哲学深奥问题的实证作用，提供了科学与个人实现融合的可行性路径，指出了柯瓦雷科学史研究中存在的西方中心论等问题。

一、阐释深奥的科学哲学问题

柯瓦雷研究 17 世纪的科学革命，旨在阐明近代科学的思想来源；对于近代科学的思想来源、结构等哲学问题，柯瓦雷从伽利略落体定律的形成、哥白尼天文学到牛顿力学中空间、时间等具体概念，以充分的论据论证了近代科学产生的思想基础是"天球"思想的摒弃与无限宇宙思想的建立，空间几何化思想的形成，从而赋予科学史从史学实证角度出发，阐释深奥的哲学问题提供一种可行性路径。

我们说，伽利略是一位阿基米德和柏拉图主义者，通常不容易理解。但是，通过对他用运动和速度替代冲力概念这一过程，我们可以很容易理解这一点。

---

① 李约瑟在 1981 年 9 月在上海所做的演讲。

伽利略的工作是致力于将物理几何化。第一步，他首先将古希腊亚里士多德的物理数学化，但是以失败告终；第二步，他又试图将中世纪的冲力物理思想数学化，其结果就是冲力概念的根本转变：用外部原因（吸引或冲击）的作用取代内部原因作用，这都会使运动产生持久性。

第一，伽利略在阿基米德空间找到突破口。所谓阿基米德空间，在柯瓦雷看来，是指抽象的几何空间。在阿基米德空间的落体运动规律为：物体运动速度是空间的函数。达·芬奇、贝内代蒂的看法是，在阿基米德空间重物所通过的距离与下落持续时间的平方成比例，强调速度是距离的函数。他们认为，每个即时时刻都与所通过的空间点相对应，即时间点与空间点是一一对应的关系。柯瓦雷认为，由于他们不具备流数与微分的思想，而且在空间中思维比在时间中思维更容易，达·芬奇、贝内代蒂轻易地选择了距离这个空间变量作为速度的函数。但是，如果物体下落是由于内部冲力作用的结果，则在阿基米德空间不变的原因只能产生不变的结果，而物体下落的速度则在不断增加，这就使不变的原因产生了可变的结果，这显然自相矛盾。速度对物体下落原因的分析与解释使他们意识到速度应该不是距离的函数，而是时间的函数。事实上，落体加速的原因是时刻受到地球引力的作用，加速方程（最本质的定义）一定不是建立在距离而是时间的基础上。

根据阿基米德流体力学模型的启示，伽利略得出冲力不是物体运动的原因而是运动的结果这一重要思想。流体力学是力学的一个分支，它主要研究流体本身的静止与运动状态，以及流体和固体界壁间有相对运动时的相互作用和流动规律。根据阿基米德流体力学模型，伽利略不再定性区别对物体的"重"与"轻"，并且放弃方向向上自然运动观点，而只考虑物体与其媒质的相互作用问题，这实际上就是对物体内部原因产生运动的否定，对冲力根本思想的否定。

第二，伽利略用速度和运动替代了冲力概念。替代的这一思想历程是柏拉图主义将自然数学化思想的充分体现。伽利略首先看到冲力理论中圆周运动的特殊情况，发现冲力不是物体运动的原因。然后，通过抽象运动肯定了运动的实体地位，又进一步根据具体运动确立了速度的实体地位，从而放弃了冲力概念。

伽利略对冲力理论的批判。冲力理论家布里丹认为，在某些运动中，特别是圆周运动中，冲力持久不灭。伽利略看到，如果冲力在运动中保持不变，则表明它在运动中根本就不起作用。所以，保持运动并且使之持续的并非冲力，运动自己保持。速度是运动的本质特征，运动自己保持，意味着速度也可以自已保持。运动和速度（尤其后者）经历了实体论地位的变化。

伽利略通过抽象的运动来验证这一点，又通过具体运动中的力矩思想进一步加以证实。他将运动分为简单运动和水平运动两类。简单运动是指特殊的抽象运动，即"围绕中心"的圆周运动，而具体运动则包括加速的落体运动和向上的减速运动。对于"抽象"运动，就原因产生的结果而言，结果和产生结果的原因应同生同灭，它们能够通过保持自身的存在成为相对独立的实体，这种存在方式如同静止的物体一样，这就赋予运动以实体论的地位；在"机械"运动，伽利略将"机械"运动从冲力思想中分离，提出力矩思想，即力矩是重力与速度的乘积，这就提高了速度的实体论地位。力矩思想表明，运动直接与重力相关，冲力不是物体运动的原因，运动无需媒质。这样，运动或速度就自然而然代替了冲力概念。这是正确解决落体问题的关键。

第三，伽利略将时间几何化。伽利略重新考虑重物下落的问题，放弃因果解释，引入时间因素，加强几何化以至空间化倾向。他根据下落时间与所通过距离的关系式，试图寻找可以描述出落体运动规律的那个原理。

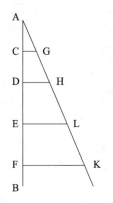

图 4-1 重物下落过程中速度、时间和离开起点 A 的距离的关系

假定一个自然下落的重物（图 4-1），离开起点 A 下落，经过 B、C、D、E、F 点。我们试图证明随着重物离开其起点的距离增加，物体会不断做加速运动。由此，下落物体由 A 经过直线 AB，假定 D 点速度远大于 C，相应 DA 的距离远大于 CA，则 C、D 点速度的大小关系等同于 CA、DA 的长短关系。据此，直线 AB 每点上物体具有速度的大小与该点离开 A 点的距离成比例。

做与 AB 成任意角度的直线 AK，过 C、D、E、F 做平行线 CG、DH、EL、FK，则线段 FK、EL、DH、CG 与 FA、EA、DA、CA 成比例，相应在点 F、E、D、C 的速度大小与 FA、EA、DA、CA 成比例，也与 FK、EL、DH、CG 的长短成比例；通过点 D 的速度和点 C 的速度的比例，等于线段 AD 与 AC、DH 与 CG 的比例。

运动物体的总速度是它在运动路径中每一点所获得的即时速度的总和，而即运动物体从 A 到 D 的速度由 DA 线上每一点所获得的速度大小构成。同理，A 到 C 的速度由 CA 线上每一点所获得的速度大小构成，则通过 DA 的速度与通过 CA 的速度之比，与所有从 DA 到 HA 之间、CA 到 GA 之间组成的平行线成比例，即三角形 ADH 与三角形 ACG 的面积成比例，即通过 DA 的速度与通过 CA 的速度之比等于 AD 的平方与 AC 的平方之比。

伽利略由此推出，通过 AD 的速度与通过 AC 的速度之比等于 DA 的平方与 CA 的平方之比。根据速度与时间成反比，通常认为，增加速度意味着时间的减少，物体通过 AD 与 AC 所用时间之比是距离 AD 与 AC 之比的平方根之比。这样，物体离开下落点的距离之比等于时间的平方之比。由此，相等时间内通过的距离之比等于从 1 开始的奇数之比。这样，伽利略将时间几何化，把需要用事件描述的问题转化成空间问题处理。

二、探寻科学与人文的统一

关于科学与人文两种文化的争论由来已久，主要集中于是走向分离还是走向融合之间的讨论，但是却很少有对科学与人文如何实现融合的案例研究。如 1963 年斯诺（C. P. Snow）在《再论两种文化》一书中，曾乐观地预测过人文知识分子和自然科学家之间的隔阂将最终得到缓和。针对这种预测，索卡尔表示："与一些乐观的言论相反，这'两种文化'在心态上可能比过去 50 年任何时候还要分隔。"[①] 柯瓦雷效应表明了科学哲学与科学史的统一性，自然、社会、人文科学的统一性，科学、哲学、文学、宗教的统一性。在柯瓦雷的身上，我们看到了科学与人文之间的完美结合。柯瓦雷为科学与人文之间的争论问题提供了一个研究融合路径的典范；柯瓦雷身上的三个统一性，体现了两种文化的融合，这有助于弥补科学与人文之间的裂痕。

第一，科学与人文关系的解构。关于科学与人文之间的差别，费耶阿本德认为已经消失。他认为，科学处处被非科学的方法和非科学的成果所充塞，而经常被视为科学本质部分的程序却正在暗自消失，科学受益于多种非科学的力量使科学的成果无法呈现自主性。甚至有人认为，科学的优越性不在于它的方法，它并没有由于它的方法而胜过别的东西，因为实际上并不存在方法；科学的优越性也不在于它所取得的成就，因为科学也没有由于它的成就而胜过别的东西；科学的优越性同样不是研究和论证的结果，而是政治、制度甚至军事压力的结果，科学的中心地位是以政治、制度甚至军事压力等外部因素赋予的。非科学的意识形态、实践、理论和传统可以揭露科学的重大缺点，它们很有可能

---

① 龚育之. 科学与人文：从分隔走向交融. 自然辩证法研究，2004,(6): 1-12.

成为科学未来最有竞争力的对手。未来社会很可能会给予它们更多的机会。这种机会同样也赋予各种不同的文化传统以自由平等的权利，而非仅是西方科学和理性主义传统所规定的地位的平等权利。因为科学也是一种传统，传统本身无所谓好坏。"对于一种文化是正确的，不需要对于另一种文化也是正确的（就像对于我是正确的，不需要对于你也是正确的一样）。投身于自由和民主的社会的建构，应该以一种给所有的传统以平等机会的方式进行。……科学也要作为诸多传统中的一种来看待，而不要作为判断什么是，什么不是，什么能够接受，什么不能够接受的标准。"①对于科学与人文关注的更多是平等问题，而非融合问题。在此科学与人文的差别淡化。

迪昂关于人类历史中存在的伟大观念是在历史世界中具体而生动地发展的思想。他认为，主客体都有助于所有领域的知识，而且所有事件都可以看作独特的或有规律的。在这里，迪昂已率先把斯诺后来所谓的人为分裂的"两种文化"——科学文化和人文文化——部分地沟通或统一起来了。迪昂提倡一种语境主义（contextualism）进路。他指出，前人著作中的许多命题被未读懂他的人看作极其可笑的错误；可是如果换一种思路在当时的语境中去诠释和理解，结论就会迥然不同。拿现在最易于理解的方式去读过去的文本，显然是不合适的。就科学和人文之间的关系而言，应结合科学和人文发展阶段或那个时代所使用的而不是目前流行的标签或术语的涵义，才能对科学与人文的冲突达到本质理解，从而有助于科学与人文之间冲突的缓解。

第二，科学史是消解科学与人文冲突的工具。萨顿认为，科学史要反映科学的人文地位，"人类进步的核心和最高目标"。②他提醒科学家们注意与人文学家联系，与人文学家同源，又提醒人文学家，科学和人文学科是人类共同努力的两方面。科学主义和人文主义的鸿沟无疑极深。这也是斯诺一篇论文的主题，该论文极具影响力，是关于"两种文化"的分歧，于1959年出版。随着20世纪60年代兴起对科技理性的哲学和政治的批判，"恢复科学描绘真正人文特征"的需要变得迫切。③科学史自然是一个工具。例如，克拉克（J. T. Clark）接受了萨顿对科学文化的严肃辩护，他总结到，"科学史是，事实上而且真正是当代的新人文主义，它在技术上不能逆转，而且是现在正被围困的文化"。④当然科学史研究揭示出科学和人文学科之间的鸿沟不是西方文化固有的特质。而且可以

① 黄瑞雄. 科学与人文融合问题的消解：费耶阿本德科学观评析. 江苏社会科学，2000, (1): 90-95.
② Sarton G. The Life of Science. New York: Henry Schuman, 1948: 57.
③ Jaki S L. The Relevance of Physics. Chicago: Chicago University Press,1966: 505.
④ Kragh H. An Introduction to the Historiography of Science. London: Cambridge University Press, 1987: 37.

肯定，科学史可以证明，许多杰出科学家过去和现在都深深地关注人文主义者，他们的科学也包含人文核心的方面。但是这些辩护不应视做思想上对当代科学无声的批判。爱因斯坦是个出色的小提琴家，奥本海默写诗和研究佛学，毕竟这不是科学人文性的真正辩护。科学史应该与以下问题相联系，为何今天我们科学的很大部分不能被看作人文主义者努力的表示？

从科学的外部看，科学进步的主要动因：一是社会需要；二是人文背景。近代科学之所以首先产生并发展于欧洲，这不仅同当时欧洲的资本主义兴起及其生产的发展密切相关，而且也同包括文艺复兴、启蒙运动等在内的人文背景密切相关。从科学的内部看，科学在本质上也是一种文化活动，它像人文活动一样，也需要有理想、精神、境界、信念、意志、兴趣和激情等形式作用于科学家的世界观、人生观和价值观层面，从而给科学以巨大推动力，而且还常常变成科学家的灵感、直觉和想象，直接参与科学的创造活动。因此，两种文化的融合，无疑将为科学培育和营造更好的人文环境，给科学家以更多的人文激励和创造力，从而推动科学活动蓬勃发展。

在价值上，科学不仅具有重要的认识价值和技术价值，而且也具有重要的文化价值和精神价值；反之，人文不仅具有重要的文化价值和精神价值，而且也具有重要的认识价值和技术价值。科学在追求真理的同时，也追求善与美；人文在追求善与美的同时，也在追求着真理。它们在最高境界上不仅是相通的，而且不可分割地联系在一起。

从合理性的角度看，合理性分为有关科学的工具合理性和有关人文的价值合理性。对应两种目的性。工具合理性支持的是一种特定的目的，一种对现有资源、能源、工具、信息、智力等的综合所能达到的终态的显现。我们可以把它称为行动的目的。这种目的反映了人在认识层面上对于客体的观念的超越，也就是"最蹩脚的工程师"也比"最聪明的蜜蜂"高明的地方。它除了说明人的行为是有目的的之外不能说明更多。价值合理性支持的则是具有永恒性、超越性，实则反映了人的终极关怀的目的，我们可以称之为存在的目的。它所蕴含的是人作为人存在的价值、尊严、权力、意义等诉诸信念、信仰故而带有某种宗教色彩的内容。这种存在的目的被在世界的资本主义化的过程中被行动的目的、功利主义的取巧之心所掩盖、遮蔽。目的性的分裂导致科学与人文的背离。社会科学是科学与人文之间的桥梁之一。社会科学的真正发展是确定了自己的研究对象，明确社会是有规律的，是可以科学地认识的，这种认识可以借助于从自然科学研究中总结出来的科学方法，但由于研究对象的不同，更要创造适合于研究社会的、社会科学自己的理论和方法。同时社会科学研究人类社会，从而关心人的价值和命运，人类社会的价值和命运，因而又是人文的。马克思的理论，社会科学的研究，都兼有科学和人文两种特征。

第三，柯瓦雷的成功为解决科学与人文之间的矛盾提供了有益的启示。柯瓦雷与李约瑟科学史观对内史与外史认识上的差异，实质上是前者更侧重于从科学本身研究科学发展规律，而后者则强调从社会、经济、文化传统等人文方面研究科学发展，当然，也不能排除柯瓦雷的哲学、宗教等方面，不论是哲学、宗教、神秘主义等思想意识形态，还是社会、经济、文化传统等人文领域，都有科学的同构成分。

"科学史的科学与人文属性是涉及科学史本质的一个带有根本性的问题，也是关系科学史全局的一个非常重要的基础理论问题。"[①] 柯瓦雷成功地运用哥白尼所继承的毕达哥拉斯传统与新柏拉图主义，也就是形而上学的思想，建构了近代科学产生的基础之一："天球"在人类思想中的"崩溃"，这种"崩溃"建立在亚里士多德和托勒密继承下来并受中世纪经院哲学干涉的"天球"的意义之上，而不只是抛弃地心说。事实上，"柯瓦雷将科学置于文化边缘的做法有失偏颇"。[②] 而李约瑟与之相比，从中国古代社会、政治、经济结构、思想文化等因素与科学技术的相互影响，将中国古代科学技术的成就用当时时代的社会倾向与国家的思想意识形态结合起来，阐明了当时中国科学为世界科学所做的不可磨灭的贡献。艾拉卡娜（Y. Elkana）就"坚决反对一直以来对内史与外史的区分，而强调综合研究"。[③] 恢复科学的真正人文特征的总体趋向在 20 世纪 60 年代初就已呈现出来。斯诺同样强调，"试图将事情一分为二人人应该值得怀疑"。[④] 在科学史研究中，通过科学史发掘出科学与人文的同构成分，才能真正实现科学与人文的融合。

三、建构东西文明的桥梁

探寻科学与人文之间的同构成分是对不同学科领域之间文化进行建构的问题，而对不同地域范围文化差异性的正确认识则是建构沟通东西文明桥梁的关键问题。文化不同于文明，但是又联系紧密。文化是指"人在改造客观世界、

① 邢润川，孔宪毅. 论自然科学史的科学属性与人文属性. 科学技术与辩证法，2002, 19(3): 61-67.

② Koyré A. Etudes d'histoire de la pensée scientifique. Paris: PUF, 1966: 38-41.

③ Elkana Y. Beyond the controversy between "Internalists" and "Externalists".Minerva, 1974, 12(1): 143-149.

④ Findlen P. The two cultures of scholarship?.Isis, 2005, 96(2): 230-237.

协调群体关系、调节自身情感过程中所表现出来的时代特征、地域风格和民族样式"。文明指人们借助科学、技术等手段，法律、道德等制度，借助宗教、艺术等形式，最大限度地满足人的基本需要和社会实现全面发展的程度。文明的内在价值通过文化得以实现，文化的外在形式赋予文明内在的价值。从内在价值而言，文明的统一性表现为满足人类基本需求和全面发展的需求；从外在形式而言，文化的多元性表现在不同民族、不同地域、不同时代文明的差异性。坚持文明的一元论，将世界文明以同一种文化模式强加给不同民族，而不尊重或无视其他民族自身所创造的文化，则有可能导致"欧洲中心主义"；而文化的多元论，倡导文化模式的多样性，甚至以民族特色为借口拒绝一味排斥外来文明的影响和渗透，很有可能导致文明的相对主义。

东西方文明的重新建构的过程中充满着激烈的冲突。东西文化的巨大差异性，导致中国传统文化与西方文化之间的冲突。中国传统文化以儒家思想为代表，其核心思想是中庸之道，即忠孝、仁爱、信义、礼、修身齐家、治国平天下等，这些都是中国传统文化的精华。西方欧美近代文化思想，如英国的功利主义、法国的人权学说，美国的人道观念与实用主义，德国的国家主义等，西方文明中最为核心是科学与民主思想。

东西文化冲突中，以美国著名学者塞缪尔·亨廷顿（Samuel Huntington）的"文明冲突论"引发的争议为最。1993 年，《外交》（Foreign Affairs）季刊夏季号发表了哈佛大学著名教授亨廷顿的《文明的冲突？》（The Clash of Civilization？）一文，引起学术界广泛而激烈的学说争鸣。亨廷顿首先重新界定文明的内涵。冷战时期，世界以意识形态被划分为所谓的西方世界与东方世界，相应的就有西方文明与东方文明，然而，亨廷顿认为，冷战的新世界秩序格局形成中，文明的程度与差异性是其中至为重要的因素。在他看来，文明一方面由语言、历史、宗教等客观因素决定，但更为重要的是它需要主观上的自我认同。亨廷顿"文明冲突论"的主要观点如下。①未来世界的冲突将主要表现为文化冲突，文明的冲突将主宰全球政治。冷战后的国际政治秩序的重建与文明内部的力量配置和文明冲突的性质密不可分，国际政治的核心部分将是西方文明和非西方文明及非西方文明之间的相互作用，文明在地缘上的断裂带将成为未来的冲突激烈的地带，同一文明类型中的核心国家主导国际政治秩序的形成和未来走向。②文明冲突是未来世界和平的最大威胁，建立在文明基础上的世界秩序才是避免世界战争的最可靠的保证。因此，在不同文化之间，跨越文化边界与尊重和承认彼此的界限同样非常重要。③全球政治格局以文明为界限呈现出多种复杂趋势。历史上第一次出现了多文明的全球政治格局；不同文明间的相对力量及其核心国不断发生重大转变，从而影响文明间力量的对比；在竞争性共处过程中，文化差异较大的国家间其关系也更为疏远和冷淡，甚至是高度敌对的关系；种族冲突会普遍存在，而文化的相似之处促进了相互间的信任和合作，这有助于削弱或消除种族文化的隔阂。④西方文化具有独特性，但并不具有普适性，文明之间的冲突主要表现为伊斯兰文明和儒家文明可能对西方文明进行威胁或提出挑战。

亨廷顿认为，文明冲突是未来国际政治冲突的根源。然而，世界新秩序格局中仍然以西方文明为主导，国家特别是核心国家仍然是国际力量的主宰，国家的政治力量的较量不再是以战争等军事力量为主，而演变为一种"和平"式的文化思想的统治。因而，"文明冲突论"不过是为西方国家继续占据霸主地位提供一个理论基础而已。在亨廷顿的"文明冲突论"主张中，又有一些文明统一论的影子，因为他强调稳定的世界秩序的建立依然建立在不同的文明相互尊重的基础之上。在亨廷顿"文明冲突论"中，东西方文明的重新建构涉及三个方面的问题：一是如何看待中国传统文化，二是如何正确对待西方文化，三是建构中国文化的问题。激进式的文化策略主张，摧毁传统文化，重新建构新文化；另一种是文化保守主义渐变型文化策略主张，以中国文化特别是儒家文化传统为根基，在此基础上进行调整与更新。

柯瓦雷科学史观的研究为科学史在建构沟通东西文明的桥梁中的作用提供了有益的启迪。不同文明背景下科学思想的差异是导致柯瓦雷与李约瑟科学史观不同的最根本原因。柯瓦雷没有意识到东西方文化的差异问题，也没有看到中国古代科学在科学史上的重要地位。单从柯瓦雷的科学史来看，很容易陷入"欧洲科学中心论"的窠臼，似乎使西方人产生天生的优越感。通过对柯瓦雷与李约瑟科学史观的研究，我们可以看到柯瓦雷所没有研究东方文明对世界文明的影响。由此，我们在从事科学史研究中，只有"将科学思想史研究与科学哲学研究相结合，内部思想史与外部社会史研究相结合，才能有利于科学思想史发展"①。21世纪，人类文化的大格局仍然以多元性、互补共进为总趋势，多种文化彼此之间逐渐走向趋近和融合，在趋近与融合中化解矛盾、避免冲突、互补互动、创新发展。特别是儒家文化中"和而不同""择善从之"的思想更能适应这一文化发展的走向，"和而不同"强调理解、尊重西方的宽容态度包

---

① 郭贵春，张培富. 科学技术哲学未来发展展望. 自然辩证法研究，2002, 18(5): 14-17.

容他们的存在，必将会在一定程度上减少与西方文化的冲突；"择善从之"强调对外来文明在取其精华、去其糟粕基础上的容纳与吸收。因而，在科学史研究中，在肯定西方科学的同时，既要注重对东方文明的研究，也不能走向另一个极端，而要注重建构东西文明的桥梁。"只有通过对中西方两种文化的领悟与反思，对两种文化影响下科学创造性活动的研究，才能形成独具特色的新思想。"①

---

① 高策. 杨振宁科学思想研究之二——教育、文化与科学创造. 科学技术与辩证法，1997, (2): 12-18.

柯瓦雷科学编史学之
方法论

柯瓦雷科学编史学的方法主要有概念分析法、语境分析法、"思想实验"移植法与反辉格法等。概念分析法是柯瓦雷科学编史学方法的代表，而其实质是对概念的语境分析法，"思想实验"移植法是来自柯瓦雷科学史研究中科学方法。

第一节 概念分析法

概念分析法是柯瓦雷科学思想史的代表性方法。柯瓦雷认为，没有什么能够替代与原始文本的直接联系，因为原始文本中隐含着着作者的思想动机，体现了在理解某一思想发展过程中遇到的困难及排除阻力的方法，映射了作者的思想立场，而概念分析法可以揭示作者隐含的思想历程与创造过程，从而使思想真正富有意义，也体现了科学史这门学科的真正价值。

一、概念分析法的内涵

概念分析法并不是什么新鲜事，在19世纪的哲学史中已经开始使用。而且，在柯瓦雷之前或与他同时，其他人在早期现代科学史研究中已经频繁使用了。在1946年，布兰德（C. D. Broad）已经引入了用概念分析法进行的哲学史的古典学派研究。然而，柯瓦雷是唯一将此方法用于广泛的科学史论证中的人，他不仅分析伟大的人物如笛卡儿和伽利略，还分析许多不是很重要的人物如布欧那米契（Buonamici）和玛佐尼（Mazzoni）。柯瓦雷提醒我们，不能只通过研究现象，因为那是实证主义者的错误做法，应该揭示最根本的实在：即隐藏在混乱的表象后面真实而有秩序的、可被理解的统一性。概念分析方法不仅使原始文本中的概念统一化，还能揭示新的世界图景。

第一，概念分析法的渊源。这种深入隐藏的实在可以追溯到梅耶逊（Emile Meyerson）与法国 20 世纪第一代哲学家布伦茨威格（Léon Brunschvicg, 1869-1944）那里。梅耶逊认为，科学不应该仅被看作逻辑机器或者是事物的秩序化。布伦茨威格也反对这一点，即概念本质上由科学家或哲学家从事一种整理或定义活动的"给予"；相反，概念在一定程度上由人类大脑所创造的，创造是指我们致力于理解自然。因此，科学史试图理解自然的历史，也就是创造概念的历史，或者，人类思想概念的历史。正如布伦茨威格所认为的科学的进步史。这有点过度简化，但是这也表明布伦茨威格的科学史对充实和实现他的哲学思想具有极其关键的作用。当然，相反的情况也存在，柯瓦雷也在科学史中应用布伦茨威格的概念分析法，尤其是他如何看待当前的工作。如布伦茨威格宣称，科学革命再次提升并革新了我们的知识。布伦茨威格强调，研究思想的历程不仅在其运动中，还在其创造性的活动中，这一点在柯瓦雷为科学史下定义中起了关键作用。

第二，概念分析方法是逻辑经验主义的逻辑分析方法在科学史中的应用。库恩的内部分析法、拉卡托斯的内因分析法、霍尔顿的基旨分析法等都是概念分析法的发展和深化。科学史大师柯瓦雷"把逻辑方法与考证方法相结合，对科学理论、理论的产生、演变进行逻辑和历史的分析，他的《伽利略研究》是充分运用概念分析法的杰作"[①]。默多克（J. Murdoch）认为，柯瓦雷"总是将哲学作为科学史的必要背景，这种研究科学史的方法称为概念分析"。[②] 柯瓦雷的概念分析法，其实质是一种概念语境分析法，它对科学概念进行语境分析以研究其历史思想，而他的语境主要包括哲学、宗教、社会等思想语境和产生这些思想的相关因素语境。

第三，对概念的界定。对于概念，布伦茨威格（Brunschvicg）认为，本质上科学不能被仅看作逻辑机器或者事物的秩序化，因而概念也不是科学家或哲学家对科学活动进行一种"给予"式的定义或整理。在某种程度上，概念是人类对自然创造性的理解。理解自然的历史，也就是创造概念的历史，或者说是由概念形成的思想史。这表明概念是人理解自然的一种主动性创造，因而概念

---

① 魏屹东. 广义语境中的科学. 北京：科学出版社，2004:39.
② Murdoch J E. Alexandre Koyré and the history of science in America: some doctrinal and personal reflections. History and Technology, 1987, (4): 71-79.

分析就要揭示概念背后人的思想，"揭示作者的动机、思想困境，并进一步对思想进行评价"，这就是概念分析的目的。概念分析的方法要诉诸柯瓦雷对著名的"拯救现象"①观点的认识：不是通过计算手段联系现象，那是实证主义的错误做法；应该揭示最根本的实在，揭示混乱的表面背后真正秩序化且可被理解的统一性，这样，概念分析不仅要统一原始文本中的概念，还要揭示隐藏的实在。②

柯瓦雷的概念有两个支撑点：形而上学与数学。前者是理论支点，后者是方法支点。对于前者，柯瓦雷的理论支点还包括两种假设，即逻辑假设与社会假设，逻辑假设以社会假设为前提。对于社会假设的认识具有重要意义，一方面，否认或轻视社会的作用是对内史的承接，另一方面，承认并重视社会的作用则意味着外史的兴起。

二、概念分析法的特征

（一）语境性

概念分析就是既要分析知识主体，又要解释知识主体，而两者通过语境产生关联。语境设置的必要性的本质与柯瓦雷对人类思想的统一性的信仰有关，他认为，哲学、宗教思想与科学思想紧密联系在一起。柯瓦雷宣称，科学史与跨学科的思想、哲学、形而上学、宗教有非常密切的联系。"恰当地理解这些相关思想当然要回到知识主体所在语境中进行概念分析。"③ 而原始文本中的概念，来自对知识的研究。这在他的《牛顿研究》中有明显体现："……我相信，实验科学的产生和发展不是新理论的源泉，是新理论的成果，也就是说，用形而上学的方法研究自然在 17 世纪科学革命中形成，在试图解释历史事件时我们必须理解这一点。"④

（二）认知性

认知性是科学最本质的特征，是科学思维过程的体现。因而，分析科学概

---

① 拯救现象是由柏拉图提出的问题，以研究行星的运动由哪些匀速圆周运动叠加而成。
② Murdoch J E. Alexandre Koyré and the history of science in America: some doctrinal and personal reflections. History and Technology, 1987, (4): 71–79.
③ Murdoch J E. Alexandre Koyré and the history of science in America: some doctrinal and personal reflections. History and Technology, 1987, (4): 71–79.
④ Koyré A. Newtonian Studies. New York: Harward University Press, 1965: 6.

念的思维过程在本质上也具有认知性。科学史家是科学史研究的主体，在支配科学史料，选择编史学方法、建构编史学理论、评价科学史思想的整个认知过程中起主导作用。"科学家利用已有的'语义知识'包括专业知识和本专业的方法通过数据驱动归纳和理论驱动归纳解决问题而获得知识。数据驱动归纳（data-driven induction）是说科学家先收集大量数据，然后对其进行分析，找出规律性的东西，再作出解释。……理论驱动归纳（theory-driven induction）指科学家先提出一个假设性理论，然后作出预测，再由实验检验其真实性。"①

科学史研究中，柯瓦雷的概念分析则是以理论驱动为主。其原因有以下三个方面：在思想上，理论驱动的分析过程建立在柯瓦雷崇尚理性的信念的基础之上，他认为，对科学概念的分析不在于对相关数据的收集，而在于认识概念形成过程中科学思想变化、斗争的过程；在理论上，概念分析涉及史学、哲学、宗教等多个理论层面，而不只限于科学理论本身；在方法上，柯瓦雷的概念分析特别强调科学中的"思想实验"法，②而不是科学家们在实验室中实际所做的科学实验。

（三）逻辑性

概念的内涵与外延两个组成部分自身就具有逻辑性。概念的提出、扩展到被认可过程就是展现逻辑性的过程。柯瓦雷的概念分析不是对科学概念与理论做单一静态的逻辑分析，而是对其形成、发展与演变做逻辑与历史相统一的分析。柯瓦雷应用"思想实验"法阐明落体定律的形成，就体现在他对中世纪与文艺复兴时期物理学思想发展的三个时期进行逻辑分析的过程中。当然，柯瓦雷也不否认，"科学以实验为基础，实验可能削弱我们的论证，但不能代替论证"③。经验与实验以理论设计为前提，而理论必须具有逻辑合理性。

贝内代蒂将物理建立在自然规律数学化这一牢固的基础之上。他认为，亚里士多德的主要错误是，"他的物理学忽略了，甚至排除了不可动摇的数学哲学这个基础"④。而伽利略正是在坚持阿基米德动力学的基础上，才成功超越了冲力物理学。冲力物理学所引入的思想"不过是普通感觉的抽象延伸，是针对亚里士多德理论化了的宇宙逻辑物理学而提出的。尽管有着奥普斯姆这样的数学天才，

---

① 魏屹东. 科学技术与社会 // 郭贵春，成素梅. 科学技术哲学概论. 北京：北京师范大学出版社，2006: 284.
② "思想实验"法见本章第三节。
③ 柯依列. 伽利略研究. 李艳平，张昌芳，李萍萍译. 南昌：江西教育出版社，2002: 108.
④ 柯依列. 伽利略研究. 李艳平，张昌芳，李萍萍译. 南昌：江西教育出版社，2002: 39.

尽管有着巴黎学派创造的超秩序宇宙的空间几何化，他们也不能把各种当时正在发展的数学思想铸造成一个统一体"①。伽利略拒绝了亚里士多德的物理学，主张阿基米德式的演绎与抽象的数学物理学。因而，运动规律、落体定律是"思想实验"的结果，而无需求助真实实验的抽象地演绎。正是由于伽利略运用具备流数和微分的思想，在速度与通过的时间成比例和速度与通过的路程成比例这两种等价关系中选择了后者，才得出正确的落体运动定律，而达·芬奇和贝内代蒂却失败了。

（四）历史性

柯瓦雷的《从封闭世界到无限宇宙》足以作为他的概念分析具有历史特征的证据。柯瓦雷向历史的倾斜，引起他对逻辑与语境之间张力的关注，即追寻思想发展中内部逻辑发展的需要，与没有历史的内在关联研究，思想意义就无法理解这一认知之间的张力。在关于"先驱者"思想的评论中，这种张力表现得非常明显，对于史学家而言，关注先驱者的思想很危险。思想是独立发展的，也就是说，思想在头脑中产生，在另一种思想的成果上达到成熟，而后人不关心前人的思想，除非他们把他看作"先辈"或者是"先驱"。很明显，没有人会把自己看作某人的"先驱"，也不能这样做。这样的态度是防止自己产生主观偏见的最好方法。从研究社会知识学角度，分析知识有两种模式，即逻辑模式和历史－社会的模式。然而两者之间的张力总是存在，柯瓦雷从来没有明确地区分两者，即他对知识的主体（"教条"的内容，柯瓦雷的追寻"教条"的逻辑）的研究，和他对知识图像的兴趣（至少部分由语境所决定）。

第二节　语境分析法

语境这一概念虽然在 20 世纪 40 年代已经在心理学、教育学中有所研究，对于语境元理论的研究，只是在 20 世纪 60 年代以来，才引起了众多学科的关注。但是对其在语言哲学、科学哲学、比较科学史中的研究是在 20 世纪 90 年代开始的。② 语境分析在很大程度上就是历史分析，因为语境论的根隐喻是"历

---

① 柯依列. 伽利略研究. 李艳平，张昌芳，李萍萍译. 南昌：江西教育出版社，2002: 54.
② 郭贵春. 科学实在论的方法论辩护. 北京：科学出版社，2004: 70.

史事件"。[①] 从这种意义上讲，语境分析方法特别适合于科学史研究。[②] 语境就其范围而言有狭义和广义之分。狭义的语境指语言语境，它是语形、语义、语用结合的基础；广义的语境是超越语言的所有领域，在它前面加上限定词，就形成"某某语境"，如社会语境、文化语境、历史语境等[③]。

柯瓦雷在 20 世纪 30 年代就已经将历史语境的思想成熟地应用于他的科学思想史研究之中。他的这一思想早已超越了他的那个时代。柯瓦雷科学思想史研究中具有代表性的概念分析方法，更确切地说，是对概念进行语境分析的方法。这一方法将原始文本与历史相结合进行分析，对原始文本的语言分析是对研究概念进行广义的历史语境分析的基础。在法国内战时期，柯瓦雷的概念分析法作为典范曾被许多科学哲学家和科学史家共享。这一方法的关键是将细致的文本分析与广义的历史观相结合，并用历史方法研究哲学问题。这种融合历史、哲学和语言学的思想，值得深入研究。柯瓦雷认识到，30 年前人们所忽略的一个重点问题是：应该将科学思想置于孕育其产生的背景中去理解。

在柯瓦雷看来，语境分析应该从知识的客体与主体两个角度展开。从知识的客体角度，语境分析主要包括狭义的语言分析与广义的历史语境分析。语言分析有两个层面：一是对原始文本进行语形、语义、语用分析；二是对数学化的语言分析。通过这两方面的分析来达到对客体本真的认识，其目的在于避免实验中的问题预设理论现象。所谓历史语境分析，主要有三个层面：一是历史时间语境分析，即不同历史阶段概念的发展与变化过程；二是历史空间语境，即在某一历史时期对概念的不同角度的认识与争论；三是历史人物语境，在研究某一人物提出的概念时，还要研究对该人物有重要影响的人物，既要研究重要人物，也要重视对次要人物的研究，还应考虑史学家的语境。在《伽利略研究》中，柯瓦雷围绕运动这一概念，将历史时间语境与历史空间语境相结合，分析了以亚里士多德、奥雷斯姆、伽利略为三人为代表的物理学不同的发展时期"运动"概念不断完善的过程，重点讨论了伽利略、笛卡儿、贝克曼等从不同角度对"落体定律"的认识，突现了伽利略对"运动"概念的认识，以及惯性定律等思想的形成，达到对 17 世纪科学革命所带来的变化的认识。

对于原始文本的研究，柯瓦雷坚持一种包含一切人文的观点。他近观细

---

① 魏屹东. 作为世界假设的语境论. 自然辩证法通讯，2006, (3): 39-45.
② 这里的语境分析有别于语言学层面的语境分析，并非强调上下文之间的联系。柯瓦雷的语境分析法强调，将科学置于哲学与宗教的语境中去理解。在科学史研究中，语境（context）还有"与境"与"史境"两种译法，这里是中国国内常见的"语境"提法。
③ 魏屹东. 广义语境中的科学. 北京：科学出版社，2004: 15.

节，远观总体，从未让情感因素左右他的观点。他的方法形式多样，主要有通过相关人物研究思想背景，通过语用研究思想来源，通过区域比较研究思想特征，通过信件研究思想变化及其文化的整体分析，通过相关人物研究思想背景等等。比如，通过语用研究思想来源，科恩和柯瓦雷一起写了一篇关于莱布尼茨与牛顿之间争论的文章，其中几乎都是柯瓦雷的观点。在著名的莱布尼茨—克拉克通信中，克拉克将原子描述为"indiscerpible"，在近来的法语和英语版本中已被改为"indiscernible"，似乎"indiscerpible"这个单词中的"p"是个印刷错误。但是柯瓦雷立即意识到，根本不是错误，是有意这样印刷。他指出，"indiscerpible"一词由莫尔（Henry More）首创，莫尔曾经对牛顿思想产生了深刻的影响。科恩在牛顿青年时代的学生笔记中，发现了他摘录了莫尔关于原子的阐述，其中，包含有疑问的那个单词"indiscerpible"。① 这就确证了柯瓦雷的观点。

从知识的主体角度对知识文本的语境分析，主要探讨柯瓦雷的知识主体的语境和解释知识主体的语境，知识的主体是指原始文本中的概念、理论等，其创造者是人，对知识主体的解释主要是对其思想的解释，而这种解释基于语境的设置。这就需要对文本、文本的创造者、文本的思想及其产生因素进行语境分析。揭示柯瓦雷身上体现的科学史的两种不同哲学传统之间的统一性，不仅为科学史研究提供一种语境方法，而且为科学哲学与科学史的结合提供了一个可借鉴的范例。知识的主体是指原始文本中的概念、理论等，其创造者是人，对知识主体的解释主要是对其思想的解释，而这种解释基于语境的设置。他特别强调对原始文本进行分析的原因在于，"先驱者的研究常常受到其自身思维定势的影响，而歪曲或错解其本义"②。另一方面，翻译本中极有可能出现曲解原文本义的情况，"对经典科学与哲学著作的翻译是非常必要的，也是必不可少的。但这建立在翻译准确并能表达出文章本意的基础上。……在原始文本本身有可能存在的模糊之处，我们很有可能再次使这种情况更严重"③。具体而言，对于科学文本中本身就存在的不一致的地方，极有可能"导致将史学家的各种动机和思想被赋予历史行动者"④。这就需要对文本、文本的创造者、文本的思想及其产生因素进行语境分析。

① Cohen. I B. Alexandre Koyré In America: some personal reminiscences. History and Technology, 1987, (4): 55–70.

② Jardine N. Koyré's Kepler/ Kepler's Koyré. History of Science, 2000, 38(4): 363–376.

③ Koyré A.Traduttore-traditore. Isis, 1943, 34(95): 209–210.

④ Skinner O. Meaning and understanding in the history of ideas. History and Technology, 1969, 8(1): 3–53.

按照柯瓦雷对知识的理解，语境可分为知识主体、人和对知识解释的思想及其产生的相关因素四类语境。语境具有多维体系结构。[1]柯瓦雷对概念的语境分析首先是对知识主体的分析，即文本的语境分析；其次，在此基础上进行思想分析，以哲学思想、宗教思想作为重要语境，还重视人物（重要人物与次要人物、科学共同体、史学家）的语境分析；最后，对产生思想的相关因素进行研究，如社会因素、政治因素等。文本分析是思想分析的基础，主要用逻辑分析法；对思想的分析及其相关因素的分析对文本分析产生决定影响，主要用历史－社会模式分析，他们之间是相互联系的，从而对文本、人、文本解释形成一种逻辑－历史－社会模式的整体语境分析。为便于研究，我们从知识主体、人和对知识的解释的思想及其产生的相关因素四个方面进行语境分析。

一、知识主体语境

知识主体的语境是指文本语境。柯瓦雷这样强调研究文本的必要性，"没有什么能替代与资料和原始文本的直接联系"[2]。我们不仅要看他们的论著，还要看他们的手稿。只有这样，才能在考证其是科学事实的基础上，充分理解他们的思想。因为在科学史上，也不乏伪科学事实的发现，如 N 射线的发现就可以作为例证。[3]

人的语境主要是对知识主体的创造者——人的语境分析，这些人有两类：一类是知识主体创造者，包括重要人物及次要人物等；一类是解释知识主体的人，主要是史学家。柯瓦雷认为，科学史研究不应该仅集中于那些大人物，如牛顿，爱因斯坦等，还应重视那些次要人物的研究。只有这样，才能全面理解这些伟人的思想。比如，要真正理解牛顿和莱布尼茨，就必须研究与他同时代的那些人物如波莱里（Borelli），胡克（Hooke）和罗伯威尔（Roberval）等。"解读并讨论实质的文本，即包括最佳案例如伽利略、牛顿和达尔文，也包括那些对自然最大胆的历史陈述，这在科学史作为一门学科的形成中起了决定性作

---

① 殷杰，韩彩英. 视域与路径：语境研究方法论. 科学技术哲学研究，2005, 22(5): 38-44.
② Elkana Y. Alexandre Koyré: between the history of ideas and sociology of disembodied knowledge. History and Technology, 1987, (4): 115-148.
③ Shapin S. History of science and its sociological reconstruction. History of Science, 1982, 20(3): 157-211; Dolby R G A. Controversy and consensus in the growth of scientific knowledge. Nature and System, 1980, (2): 199-218. 1903 年，法国物理学家 René Blondlot（1849-1930）指出一种他称之为 N 射线的新射线存在；接下来的几年，许多科学家研究了该射线的各种属性。然而，大约在 1908 年有结论指出，N 射线根本就不存在。

用。"[1]1961 年，柯瓦雷在科学史大会牛津研讨会上对盖拉克（Henry Guerlac）的评论中，区分了历史（"过去的事实"或"客观的历史"）知识的主体和对（二级历史）"史学家的阐述，他们认为这是对过去客观事实的反思"之间的差异。[2]这就表明，柯瓦雷对人的语境研究，还强调考虑史学家们的观点与立场。但同时，也说明，科学史家的阐述一方面是对客观事实的阐述；另一方面，也体现了科学史家本人的观点。这一点主要是针对科学史家是否受社会因素的影响而言。对于这一点，黑森也有明确表示，他认为要区分过去的事实与历史事实，"尽管前者包括一切过去确实发生的事情，后者是指被史学家接受的具有可靠性和令人感兴趣的事实"。[3]

二、对知识解释的思想语境

柯瓦雷论著的重要特征就是重视思想的语境，"这一特征从他最初的研究开始贯穿他一生中对不同领域的研究"[4]。他通常用概念分析法所设置的语境为解释科学思想作辩护。他认为，对科学思想的解释，必须注重分析与之密切相关的哲学思想、宗教思想语境，没有对这些思想进行语境分析，任何重要的科学思想都无法理解。

（一）科学思想语境

在柯瓦雷的科学史研究中，科学思想的语境以科学概念分析为基础，包括科学思想的作用、特点、影响因素、方法论等内容。

科学思想由概念组成，对科学思想的语境分析以科学概念的分析为基础。柯瓦雷将 17 世纪科学革命的研究归结于自然数学化和空间几何化等重要概念。在这场革命中，形而上学思想对科学理论的形成具有重大的先导作用。在理论形成过程中，思辨先于数学推理和实验验证，而不是来自实验的摸索，因而科

---

[1] Findlen. P The two cultures of scholarship?. Isis, 2005, (6): 230-237. 这段文字引自斯诺（C. P. Snow）的《两种文化》（*The Two Cultures*, London: Cambridge University Press, 1959）。解读科学的重要案例研究还有: Butterfield（巴特菲尔德）的 *The Origins of Modern Science*《现代科学的起源》（London: Bell, 1949）; 柯瓦雷的 *From the Closed World to the Infinite Universe*《从封闭世界到无限宇宙》（Baltimore: John Hopkins University Press, 1957）; Charles C. Gillispie 的 *The edge of Objectivity: An Essay in the History of Scientific Ideas*（Princeton: Princeton University Press, 1960）; Thomas S. Kuhn（托马斯·库恩）的 *The Structure of Scientific Revolutions*（Chicago: Chicago University: Press, 1970）; 夏平、谢弗的《利维坦与空气泵: 霍布斯、波意耳与实验生活》（蔡佩君译，上海: 上海人民出版社，2008）.

[2] Koyré A. Traduttore-traditore. Isis, 1943, 34(3): 209-210.

[3] Hesse M B. Gilbert and his historians. British Journal for the Philosophy of Science, 1960, 11(41): 131-142.

[4] Koyré A. Traduttore-traditore. Isis, 1943, 34(3): 209-210.

学的进步主要体现在科学理论的进步而非科学实验的发展。科学的本质是革命性而非不断演进的，因而，中世纪天文学向现代科学的转变是一场革命，而非演进的结果；这种转变不仅是天文学的剧变，更是形而上学思想的转变，这表明科学思想具有内在动态性的特点。在科学思想不断形成的影响因素中，宗教和哲学思想与之关系最为密切，同时社会、政治、文化语境也是产生这些思想的相关因素。而且，当时的思想背景是评价重要人物的思想的重要标准，而不是以我们今天通常的学术标准进行评价。

目前盛行的"科学论"（science studies）是对科学及其发展规律的研究，在其方法论上，主要有四种：来自孔德哲学传统的逻辑实证主义；启蒙运动以来的科学主义；各种各样的整体主义；形形色色的社会决定论。[⑤] 就柯瓦雷来说，他的科学思想的方法论的特点是：他的相对主义克服了逻辑实证主义的经验绝对论的不足，他的整体主义看到了科学之外的社会因素的作用，在某种程度上，他也具有建构主义思想，只是他认为，社会因素不起主导作用，因而科学客观事实由理性而不是社会所建构。柯瓦雷对科学方法持一种相对主义态度，如对逻辑实证主义所主张的经验决定论，他反对简单地接受归纳是产生新思想的过程，克服了狭隘经验决定论；在研究科学知识的逻辑结构时，强调哲学和宗教思想与科学思想同时考虑，而不仅是对科学的单一研究；对于科学，他崇尚理性，并没有把科学知识绝对化，在科学知识之外，他还研究宗教、人文等知识；制度方面，强调政治制度、文化传统等对科学的影响。柯瓦雷非常注重对历史的整体分析，与奎因的科学整体主义相比，柯瓦雷也强调历史事实之间的关联，但是却看到了科学之外的因素；与以邦格为代表的系统主义相比，柯瓦雷不像邦格那样，将社会分为经济、政治和文化三个子系统来研究，而是将社会作为科学思想产生历史过程的一个相关因素但不是重要因素来研究，因而也不像社会整体主义所认为的那样，语言在历史发展中逐渐社会化，思想观念和认识也社会化，将社会作为科学共同体交流的充要条件。与科学知识社会学中的社会建构主义相比，柯瓦雷认为，科学事实不是客观存在的而是被建构的，不同的是建构主体，前者认为科学事实由社会建构，柯瓦雷认为科学事实由理性建构。

（二）哲学思想语境

克拉盖特（M. Clagett）认为，柯瓦雷最重要的影响在于，在哲学语境中

---

⑤ 魏屹东. 广义语境中的科学. 北京：科学出版社，2004:4.

详细分析科学概念。霍尔顿（J. Holton）强调柯瓦雷的"新认识论"，即要"揭示史学家论述背后的哲学问题，使我们茅塞顿开"[①]。可见，在柯瓦雷的研究中，哲学思想对于科学思想的关键作用。哲学思想有助于对科学史中某一问题的理解，从而有助于科学史研究。1955 年，柯瓦雷在一篇很短的论文中回应了弗兰克（Philip Frank）的观点。[②] 柯瓦雷在表明自己与弗兰克在理性而不是技术的价值使人们接受科学理论这一点上完全表示赞同之外，还指出弗兰克忽略了理论的不同哲学思想背景，而这才是最重要的一个因素。对于科学与哲学的相互关系，柯瓦雷曾做过精彩的概括，哲学是科学革命的基础。他认为，不仅是科学影响哲学，反过来，哲学也影响科学。天球的破碎与空间的几何化趋势，牛顿物理的世界观和反直觉的本质与亚里士多德物理学的常识性本质，从奥西安德尔（Osiander）的工具主义到现代物理学工具主义的科学实证主义自我解释浪潮的复兴，爱因斯坦的数学实在主义和强烈的反实证主义，所有这些哲学趋势事实上都宣告了哲学对知识的一种解释：知识的来源、目标、合法化问题。哲学思想影响科学的是关于上帝、圣父这类主题，同时还有关于知识的来源和目标的思想。笛卡儿强调知识"先天论"，认为知识源于先天，奥古斯丁的"光照派教义"，[③] 强调知识的来源是上帝。柯瓦雷的研究详细解释了当时奥古斯丁与新柏拉图神秘主义思想中，笛卡儿如何被当时的先天思想所内化。这样，"对一些经典的主题形成的哲学思想，并对其进行的历史相对主义解释都具有语境依赖性"[④]。

（三）宗教思想语境

柯瓦雷对思想史研究还深入到产生这些思想的宗教语境中，分析人的知识与神的知识、人类意志与神的意志、人的自由与神的意志、人与自然、人与宇宙等等之间的关系，他将这些范畴置于不同的历史时期，如对文艺复兴时期和从哥白尼到牛顿之间的这段时期的分析后，得到 17 世纪科学革命的根源是空间的几何化或自然的数学化这一重要的结论。对于伽利略革命研究，他认为，在深度而不是在广度的意义上，人的知识与神的知识等同。通过比较莱布尼茨与牛顿的上帝和宇宙，他的得到的结论是神圣意志和知识事实上就是人的意志和

① Cohen I B. Alexandre Koyré In America: some personal reminiscences. History and Technology, 1987, (4): 55-70.

② Frank P. The variety of reasons for the acceptance of scientific theories. Scientific monthly, 1954, 79(3): 139-145.

③ 光照派教义信仰是特别的个人启示。

④ Elkana Y. Alexandre Koyré: between the history of ideas and sociology of disembodied knowledge. History and Technology, 1987, (4): 115-148.

知识。柯瓦雷探索文艺复兴时期的理性"思想"时，还得出人类意识的发展不同于自然，并在一定程度上超出自然的结论；通过对人类知识与神的知识、神的意志与人的自由、有限与无限的概念、空间、时间和运动等研究对象的分析，得出有限的、存在等级顺序的天球的崩溃和无限宇宙的概念，人从预想的有机天球的思想中解放出来，从被压抑着的在天球中孕育的思想中解放出来，自由地创造世界，从而形成中世纪等级秩序崩溃的观念和现代人的作为世界创造者的观念。

三、产生思想相关因素的语境分析

对于产生思想相关因素的语境分析，柯瓦雷主要从政治与文化语境进行研究。

（一）政治语境

柯瓦雷的出身和他所处的时代，使他不得不考虑政治因素对科学思想的影响。他虽然拥有法国国籍，但他具有犹太血统。第二次世界大战时间，犹太人惨遭种族屠杀，他被迫流亡到美国。政治因素对他产生了的深刻影响，他甚至认为，"……哲学问题和政治问题是一个问题……"。[①] 对于第二次世界大战所引发的理性与非理性哲学问题研究，他充分意识到柏拉图的政治语境并对其进行深入研究，更期望从柏拉图的政治语境中重新寻求对理性的解读。柯瓦雷对柏拉图关于知识与道德、哲学与政治两对范畴各自内部的相关性异常感兴趣。他认为，"知识推理是通往真理的唯一道路，而诡辩只是诡辩论者的工具，然而他们都卷入政治之中"[②]。

（二）社会语境

柯瓦雷仔细研究社会意识形态对知识解释的影响，使之成为知识主体中相关思想的选择器。他早期的哲学著作大部分是关于神学研究，他对上帝存在的主题进行了各种本体论论证。但正是社会语境的思想使他着迷。尽管思想形式相似，但在不同的神学家或哲学家如圣·安瑟伦、玻姆、或笛卡儿那里意义不

---

① Elkana Y. Alexandre Koyré: between the history of ideas and sociology of disembodied knowledge. History and Technology, 1987, (4): 115-148.

② Elkana Y. Alexandre Koyré: between the history of ideas and sociology of disembodied knowledge. History and Technology, 1987, (4): 115-148.

同，这种不同如何能被理解呢？这就要诉诸社会语境的解释。尽管柯瓦雷承认社会因素的作用，但是他并不认为社会因素起主导作用。社会因素只是对解释科学事实的必要条件，却不是充分条件。

爱尔卡纳（Y. Elkana）认为，柯瓦雷对 16 世纪和 17 世纪科学思想史的深入研究，使"科学革命"成为科学史近乎纯思想的范式。他对笛卡儿、德国神秘主义的研究，对伽利略、牛顿、从封闭世界到无限宇宙的典型研究，统统被错误地贴上"纯思想史"的标签。与黑森、克拉克、默顿所倡导的社会学派相比，柯瓦雷主要反对的是社会－经济的和制度的因素，而更强调将科学本身作为研究的主体，强调对科学思想的研究。

总体上，柯瓦雷在科学思想史研究中，仍然坚信社会"理性"是稳定的，这也是他将社会因素置于次要地位的重要原因，而从科学概念本身来突现科学思想的特质。

（三）文化的整体语境

柯瓦雷的文化的整体语境研究与他的出身和经历紧密联系在一起。他是犹太人，却出生在俄国，并在俄国度过童年时代，后又到当时也是世界著名的学术中心德国哥廷根市求学，他大半生的学术生涯在法国巴黎渡过，晚年他还在美国的普林斯顿高等研究院任职。他不仅是一个学者，同时也关注政治，他还参加了两次世界大战。他对俄国、德国、法国、美国等不同文化都有深入的理解，而对他影响最深的莫过于欧洲的理性传统，他的《伽利略研究》正是这一思想的杰出体现。他认为，科学是由理性建构的，而不是源自科学实验。对于科学史研究，就是要研究由理性所建构的科学思想，从而使科学史成为一门真正独立的学科，他也因此成为科学思想史的领袖人物。通过对欧洲理性的宗教、政治、文学、科学的反思，这些涉及上帝、人类在宇宙中的地位的改变，从而论证了文化更替的复杂过程对科学思想的影响，只有在社会－政治－经济的语境中进行历史研究才能解释科学思想的来源及其广泛影响，在此意义上，形成对文化的整体语境分析。

1968 年，米歇尔·霍斯金（Michael Hoskin）出版了柯瓦雷的《形而上学与测量》文集。无可置疑的是，霍斯金在序言中对柯瓦雷的简洁陈述切中了柯瓦雷的精神实质："……这样，伽利略能够对自然进行测量，因为作为形而上学家，他已经和当代的柏拉图主义者一样相信，自然本质上是数学的。阅读这本书，就越能意识到柯瓦雷多么明确地意识到，要解释一个时代特定文化中形而上学的观点，就必须研究那种文化的整体语境。"①

事实上，语言哲学的语用分析、科学哲学中的科学思想及相关思想的分析，以及社会学中的社会、文化角度分析在柯瓦雷的整体语境中均有所体现。国内也有这方面实践性的工作展开，"以郭贵春为代表的语境实在论者，试图立足于科学实践，运用语境分析法构筑科学主义与人文主义真正走向融合的平台"②。

四、概念语境分析法的意义

首先，柯瓦雷的语境分析为科学史提供了一种语境研究方法。这种方法强调科学客观事实的实证研究，强调对科学客观事实的历史分析，强调对科学之外因素特别是哲学与宗教思想对科学思想的影响，但有轻视社会因素的倾向。可以说，柯瓦雷的相对主义弥补了逻辑实证主义经验决定论的不足，他的整体主义看到了科学事实的内部联系，而不是孤立地看待这些事实。他也看到了社会因素的作用，在某种程度上，他在 20 世纪初就意识到了 70 年代的建构主义。因而，柯瓦雷的概念语境分析法在科学史研究中存在传统方法难以比拟的诸多的优势，尽管也有不足，但仍不失为一种好方法。

其次，通过探讨语境分析方法的哲学思想传统，揭示科学史与哲学传统的渊源，为当前科学史发展提供了一条与科学哲学相结合的可行性路径。相对而言，《从封闭世界到无限宇宙》一书是"正统方法的例证"。库恩称自己"很吃惊和尴尬"，他说："相比任何其他学者而言，他的科学史方法受柯瓦雷影响最大。"③ 这种差异的产生不仅是由于柯瓦雷自身思想和研究的发展变化，同时还在于欧洲和美国哲学立场的不同。科学史侧重哲学还是历史反映了两种不同的科学史传统，美国的分析哲学传统强调实证研究，而欧洲哲学传统强调理性；前者重视历史方法，后者更强调逻辑方法；前者强调科学与人文的融合，而后者割裂了科学与人文的联系。在当前强调科学与人文融合的趋势下，在国内科学哲学蓬勃发展的背景下，中国的科学史发展路径何去何从，柯瓦雷为我们展示了两种哲学传统影响下的研究科学史的典范。

最后，对概念进行语境分析促进了科学史研究中外史学派的兴起，尤其是

① Elkana Y. Alexandre Koyré: between the history of ideas and sociology of disembodied knowledge. History and Technology, 1987, (4): 115-148.

② 成素梅，郭贵春. 走向语境论的科学哲学. 科学技术与辩证法，2005, 22(4): 5-7.

③ Cohen I. B. Alexandre Koyré In America: some personal reminiscences. History and Technology, 1987, (4): 55-70.

科学的社会史研究和库恩的历史主义的出现。美国的分析哲学传统对晚年柯瓦雷的思想产生了一定的影响，他充分意识到了社会因素对于科学思想的产生所发挥的重要作用，而不再持轻视态度，但是还没来得及正式修正，就遗憾地离开了我们。事实上，虽然柯瓦雷对以社会观点来解释科学发展的学者不是很赞同，但是在他的论著中，语境几乎渗透到所有的层面。就由社会因素决定的知识解释而言，柯瓦雷对纯思想史研究感到不满，"晚年他在病床榻上时，在一本书中阐述了要沟通这样的科学史与直到现在还相距千里的社会史，对此，他表示非常高兴"。[①] 事实上，很多人没有看到，柯瓦雷的工作正是沟通两者的重要组成部分。

第三节 "思想实验"移植法

"思想实验"移植法有两层涵义，一方面是指科学在实验室的实验转移到头脑中研究的方法；另一方面是指将科学中的思想实验移向科学史研究中，研究科学实验的方法。这两种方法在柯瓦雷的科学思想史中都有明显显现。"思想实验"法来自伽利略的科学实验，而"思想实验"在科学史研究中的应用体现在柯瓦雷对红酒与水实验的研究。

"思想实验"法来自伽利略实验，是指伽利略在研究动力学定律时在头脑中进行逻辑推理与不同形式运动进行抽象数学验证的方法，这种方法是相对于科学家在实验室中所做的具体科学实验而言的。这种方法由柯瓦雷在研究伽利略正确得出落体运动定律的思想过程中提出，但是，它最初是科学研究的方法。后来，柯瓦雷也用此方法来研究红酒与水的实验。数学与形而上学是柯瓦雷解决人类思想难题的思想工具，其途径则是"思想实验"。"思想实验"的移植法是指将科学创造过程中应用仪器等所做的证明科学理论实验程序移植到思想中来，以证明科学思想的客观性。所谓"思想实验"，有两层含义，一是直接通过形而上学的方法达到对科学思想的建构；二是将实验语言数学化，达到对科学思想的建构。这深刻地表明在科学思想形成中哲学的基础性地位。

"思想实验"具有合理性最根本的依据就是数学具有使形而上学的思想合法化的功能。其中最具代表性的是伽利略得出落体定律的实验。他认为，伽利略得出落体定律的实验只是通过形而上学的思想建构的。柯瓦雷在他的《牛顿研

① Elkana Y. Alexandre Koyré: between the history of ideas and sociology of disembodied knowledge. History and Technology, 1987, (4): 115-148.

究》中有明确的说明，实验科学的产生和发展不是源泉，而是新理论的结果。形而上学的方法形成了17世纪科学革命的内容。这里柯瓦雷特别强调数学的重要作用，因为他相信自然的本质是数学，因而，通过数学就可以认识科学的规律。

通常人们认为，伽利略得出落体定律是因为伽利略曾经登上比萨斜塔的实验。他以玻璃的沙漏作为计算时间的工具，将两个重量不同的铁球从塔顶同时扔下，结果两个铁球同时落地。这说明，不同重量的物体从同样高度落下来，同时到达地面。这就动摇了几千年来谁也不曾怀疑过的古希腊哲学家亚里士多德提出的一条真理，即的物体从高处落下时，速度是由它的重量决定的，物体越重，落下来的速度越快。但是，柯瓦雷认为，伽利略的落体定律不是由实验得来的，他从未做过落体定律的实验。

伽利略的思想实验通过两种途径介入物理学："通过实验进行发现"与"控制理论假设"。通过实验探索更复杂的客体事物可以将实验应用于一种非常广泛的形式，但是控制理论假设是伽利略将实验带入科学证明中的一种方法。对于科学证明，伽利略主要也有两种方法：对于简单运动，由实验控制的阿基米德理论假设来证明；对于复杂运动，则由阿基米德推理规则来证明。这两种方法在重力运动中都有使用。伽利略在对流体静力学、太阳黑子、彗星、潮汐和地球之间关系的研究中，通过"逻辑律"或者是"物理逻辑"的观察与实验进行原因分析，形成经院哲学亚里士多德式的推理规则:在场与不在场，随程度而变。通过"实验"与科学证明，伽利略形成惯性定律、落体运动规律等的思想，从而界定新旧世界观的结构模式，实现对17世纪科学革命所带来变化的认识。这样，"运动"概念经过假设、推理、证明的模式，通过介入"思想实验"与亚里士多德推理规则的检验，从而形成对伽利略的思想史，他的动机与影响因素的认识。

柯瓦雷认为，思想实验法在伽利略对抗强大的亚里士多德权威的过程中发挥了重要的作用，特别是运动概念从相对于静止的更高层次到同一本体论层次的转变、由地球静止不动到地球运动的转变、由外力作用是物体的运动的原因到是改变物体运动状态的原因的转变过程中，惯性原理这一科学思想被人们认可的过程中实质上隐含着人们整个思想科学的经验基础到先验基础体系的改变，而伽利略正是通过先验这一本质特征，通过思想实验法成功地实现了人类思想的这一转变，从而使近代科学得以开始大踏步前行。然而，这种过分强调先验在科学理论形成中的绝对作用的观点，也遭到了激进理性主义的批判。这就引出柯瓦雷与马克雷齐莱恩（James Maclachlan）之间关于水与红酒实验的争论。

《关于两门新科学的对话》中提及关于一个水与红酒的实验。将有一个小洞的玻璃球注满水，洞口向下对着盛有红酒的敞口杯放置。伽利略看到，红酒上升进入球体，而敞口杯里则充满了水。两种液体没有混合在一起，反而呈现一种分离状态，这有悖于通常我们对流体运动的认识。对于这一实验的解释，柯瓦雷断定，伽利略从来没有做过这一实验；但是可能听说过这项实验，从而在自己的思想中重新建构了这一实验，得出水与红酒本质上不相容的结论。对于这一实验，加拿大科学史家马詹姆斯·克雷齐莱恩（James Maclachlan）持不同看法，他在重复这一实验时得出的结论是：这一实验是真实的。[①] 这就引发了柯瓦雷与马克雷齐莱恩之间关于水与红酒实验的争论。马克雷齐莱恩这样描述他的实验，将水的细流缓缓倒入一杯红酒中。我们会看到，水立即与酒混合在一起。通过这一实验，马克雷齐莱恩认为，直觉上水与酒实际上是完全相溶的。但是使用帕雷（Ambroise Paré）的制酒器或者伽利略的仪器，会惊奇地看到在酒的容器底部有一层清晰的水层，水层渐渐扩大，而酒漂浮到水的上面。这是明显与直觉相反。但是，他也承认理性建构实验的合理性，"没有人能使我们相信幼稚的经验主义者，实验验证历史是一个很好的途径。当然，这也离不开理性重建，还可以通过仔细的文本阅读与研究，进行批判式解释"[②]。安东尼奥·贝尔特兰（Antonio Beltrán）认为，伽利略提及这一实验只是为了吸引读者的注意力。[③] 马克雷齐莱恩实质是批判柯瓦雷过分强调理性主义、太理想化的解释。通过这一实验，我们充分意识到，我们认识历史上的科学时无论如何也无法摆脱先验的思想的束缚。所以，必须将我们的思想尽可能置于当时的历史情景中考察，既注重考察人物的基本思想，也要考虑他的偏见。

第四节　案例研究：“运动”概念的语境分析

概念这一主线贯穿柯瓦雷一生的研究，通过以《伽利略研究》为代表的力学领域中"运动"概念的研究与以其晚年《从封闭世界到无限宇宙》为代表的

---

① Kragh H. An Introduction to the Historiography of Science. Cambridge: Cambridge University Press, 1990: 81.

② Maclachlan J. Experimenting in the history of science. Isis, 1998, 89(1): 90−92.

③ Beltrán A. Wine, water and epistemological sobriety, a note on the Koyré-Maclachlan debate. Isis, 1998, 89(1): 82−89.

天文学领域"天球"、空间、物质、绝对空间和绝对时间等概念及其性质的分析，他提出，科学是革命的而非不断演进的新思想，并系统地研究了17世纪科学革命产生的根源与本质，从而开创了科学思想史学派的先河。在《伽利略研究》中，柯瓦雷从"运动"概念着手，将"思想实验"引入物理学研究，经过科学证明，以从古希腊到中世纪，再到文艺复兴时期"运动"概念发展的纵向轴线，和从伽利略同时代人如笛卡儿等对"运动"概念不同认识研究的横向轴线，研究作为激进的亚里士多德主义者伽利略科学思想的形成。

一、"运动"概念的重要意义

"运动"概念是柯瓦雷分析近代科学起源问题的基本概念之一，运动概念的形成与发展体现了科学思想的形成、建构、倒退与重建的过程，反映了人类思想变革中不断斗争的过程。运动概念的成功建构，标志着近代科学思想的形成。而运动概念的数学化问题更是揭示出亚里士多德主义与柏拉图主义两种哲学传统对立的根本问题。

（一）"运动"概念是研究运动定律的思想形成的工具

柯瓦雷认为，科学思想史的研究对象是科学思想，研究内容是科学思想产生、发展、来源、本质、目的与意义，研究解决科学思想难题的方法与过程，从而揭示科学思想的动机与价值。科学思想史的研究方法，是将概念分析法作为排除阻力的工具。科学思想史的主要任务在于揭示思想形成中的困难以及排除困难的过程，这比研究思想成功之处更有意义。研究科学思想史的教育意义在于，科学思想的形成、发展与变化并非一帆风顺，而是充满曲折与"迷宫"的，在通往真理的道路上甚至会遇到绝境，而在排除阻力去伪存真的过程中，才能发现这些思想的真正价值之所在。

"人类思想史（如研究伽利略和笛卡儿革命），没有什么比这更有趣，更吸引人，人类思想史对永恒的问题以固执的方式来处理这些问题，面对同样的困难，与同样的难题做斗争，从中逐渐慢慢地建造一些仪器和工具，这里是指新概念，新方法，以最终克服这些困难。"[①] 近代科学是在伽利略和笛卡儿革命的思想中历经众多的艰难与曲折而形成的。在此过程中，近代物理学的研究始于日

---

① Koyré A. Galileo and the scientific revolution of the seventeenth century. The philosophical review, 1943, (52): 333-348.

常生活中的现象，正是通过运动概念通过重物运动与抛体运动研究不断被建构的过程，来揭示运动定律的思想形成过程。柯瓦雷通过研究"运动"概念在近代物理学、天文学在思想绝境中不断挣扎的革命过程，揭示了近代科学的产生的基础是伽利略革命。

（二）"运动"概念数学化揭示了亚里士多德主义与柏拉图主义两种哲学传统思想对立的根本问题

柯瓦雷主张科学数学化。他首先将科学限于物理学，特别是经典物理学。科学不是不断演进的，而是革命性的。经典物理学的发展是科学革命的主要组成部分，而力学与天文学甚至可以作为学科范式。对于科学概念，他将研究概念限于经典物理学的概念，其中"运动"则是最重要的概念之一。从对实验作用认识的角度，他强调"思想实验"的作用，而认为培根式的"工程师的实验"在科学史中的作用几乎可以忽略。霍尔（A. R. Hall）甚至认为，在柯瓦雷看来，自然知识的非数学部分完全被排除在科学革命的历史现象之外，尽管其中一部分是经典物理的特征。即使非数学部分的自然知识没有被排除，至少也被置于很低的位置。这就表明，他研究的概念也会将非数学部分排除。

"运动"概念揭示了数学在科学中的地位问题，同时也揭示了古希腊以来亚里士多德主义与柏拉图主义两种哲学思想对立的根本原因。对此，柯瓦雷通过运动理论数学化，阐明了实验与科学关系。柯瓦雷认为，实验没有独立形成科学理论的作用。尽管他意识到物理学史中实验的重要性，但是他认为其重要性仅在适当的数学结构中才适用：向自然询问的实验方法，询问时所提出的问题中就已经预设了问题的答案，这样，实验就会被语言所控制。经典科学向自然询问时，如果换之以一种数学化的语言，更确切地说是几何化的语言，就可以解决这一问题，避免语言对实验的控制。也就是说，经典物理学向几何语言的转变，转变本身是"形而上学态度的转变"产生的结果，这种逻辑转变上必须先于实验转变。因此，不管实验如何介入物理，一定要在数学化过程之后。这种观点也遭到一些人的反驳，他们认为科学实验可以指导科学理论的建立，"我将使那些实验成立。伽利略确实通过实验而得出科学理论的"[①]。这是否意味着科学实验本身毫无意义，当然不是，柯瓦雷认为，其存在的价值在于对理论假设的验证，"他很清晰地意识到，对于复杂的客体事物研究，不可能将假设通过纯

---

① Olschki L. The scientific personality of Galileo. Bulletin of the History of Medicine, 1942, (12): 248–273.

理论分析还原为真，这时就将其作为理论世界的可能假设。如在描述落体运动中时间与距离的比率时，必须通过实验决定理论的假设比率是否是真实世界的比率"[1]。事实上，科学家们也正是这样做的。但是科学史家们并不直接采用他们的数据，而重在提炼他们的思想。[2] 如爱因斯坦的狭义相对论就是建立在通过迈克逊实验否定以太随着地球运动思想的基础上。[3]

（三）"运动"概念的成功建构是近代科学思想形成的标志

柯瓦雷认为，近代科学的特征不仅是观察与实验在科学中的应用，最重要的是自然数学化与空间几何化。他认为，近代物理学起源于对地球上运动物体的研究，同时也源自对天体运动的研究，而对后者的研究更具有意义，它标志着古代与中世纪的天球概念，即由数决定的存在等级秩序的封闭空间、月上区与月下区遵循不同定律的空间被一个开放而无限的空间、月上区与月下区具有自然统一性的空间所取代。这就使近代物理学走向了真正的完美与终结。但是，正是由于伽利略与笛卡儿没有研究天体运动的问题，而只是确立了地上的机械力学，他没有能够统一天体与地上物体的运动。另一个原因是，伽利略虽然将惯性定律作为物理学的基本定律成就了近代物理科学形成的基础，但是他没有将此定律数学化，这就导致他不能认识到近代的无限宇宙，而仍然停留在希腊人有限的天球概念之中。

"运动"概念的狭义语境分析。运动概念的狭义分析一方面是对运动的语形、语义与语用的语言分析，另一方面是数学化语言分析。在柯瓦雷的概念分析中，主要是从伽利略的惯性定律思想之语用角度来提出这一概念。伽利略的惯性定律可以被表述为，物体保持静止状态或运动状态直到有外力作用。它有两方面的含义，如果物体初始状态是静止，则物体会永远静止除非有外力作用；如果物体初始状态是运动之中，则物体会一直保持匀速直线运动状态直到有外

---

① Carugo A, Crombie A C. The Jesuits and Galileo's ideas of science and of nature. Annali dell'istituto e museo di storia della Scienza di Firenze, 1983, 8(2): 3–68.

② Elliott C. A. Experimental data as a source for the history of science. American Archivist, 1974, 37(1): 27–35.

③ Einstein A. How I created the theory of relativity. Physics Today, 1982, 35(8): 45–48.

1887年，迈克耳逊与莫雷合作，在克利夫兰进行的迈克耳逊－莫雷实验是为了观测"以太风"是否存在。当时认为光的传播介质是"以太"。由此产生了一个新的问题：地球以每秒30公里的速度绕太阳运动，就必须会遇到每秒30公里的"以太风"迎面吹来，它也会对光的传播产生影响。迈克耳逊－莫雷实验实验结果证明，不论地球运动的方向同光的射向一致或相反，测出的光速都相同，在地球同设想的"以太"之间没有相对运动。当时迈克耳逊因此认为"以太"是随着地球运动的。对此，富尔顿做过详细研究，见 Holton G. Einstein and the "crucial" experiments[J]. American Journal of Physics, 1969, 37(10): 968–982. Holton G. Einstein, Michelson and the "crucial" experiments[J]. Isis, 1969, 60(2): 133–197.

力作用。在我们看来，这很自然，我们将这其来源归于伽利略与笛卡儿，然而在古代与中世纪的人看来，他们会认为这一定律很荒谬。柯瓦雷认为，导致出现不同认识的原因在于不同的知识框架体系，由不同的概念、对存在的认识、新科学的概念等组成的体系，柯瓦雷将其概括为一种哲学体系。

二、"运动"概念的哲学建构

运动概念的哲学建构是建立在有关惯性原理思想的基础之上。柯瓦雷认为，伽利略的运动概念建立在柏拉图主义的基础之上。而古代与中世纪人的运动概念则是建立在亚里士多德主义的基础之上。自古希腊以来，这两种不同的哲学传统的对立是对惯性定律出现"合理"与"荒谬"两种不同的认识的根本原因。

（一）"运动"概念产生的两种哲学传统根源

亚里士多德主义者认为，物理理论建立在日常经验的基础之上；而柏拉图主义者认为，物理理论来自先验，经验对于理论的建立没有丝毫作用。柏拉图主义者承认自然数学化，而亚里士多德主义者则反对将自然数学化。柯瓦雷主张，如果认为，数学从属于科学，物理研究的是真实世界，而数学研究的是抽象世界，物理建立在经验之上，则他是一位亚里士多德主义者；如果认为自然可以数学化，物理来自先验，而非经验，则他是一位柏拉图主义者。柯瓦雷认为，伽利略就是这样一位柏拉图主义者。因为，在伽利略看来，科学来自观察与思考，自然之书是由几何语言写成的，他坚持自然数学化的观点。在柯瓦雷看来，经验来自于人的感觉，是一种非理性的思考，这不同于伽利略的理性思考，或者说是一种思想实验。这两种哲学体系是形成对惯性原理不同认识的思想根源。

（二）"运动"概念产生的不同科学思想体系

"运动"概念产生于惯性原理的科学思想体系。对于惯性原理，柏拉图主义者伽利略与亚里士多德主义者具有不同的哲学体系，导致对科学产生不同的思想认识。

柯瓦雷认为，伽利略的惯性原理基于三个预设条件：一是存在物体运动体系，物体的运动可以独立地形成一个体系，二是空间概念被定义为一个同质而无限的欧几里得空间，三是运动与静止都是一种状态，处于同一本体论水平。因此，对于惯性定理的现代解释，很容易理解。一方面，保持物体的状态无需外力作用，处于运动状态的物体会永远保持这种状态，并不需要一种力或是原因来解释其保持匀速直线运动的原因。同样，也不需要解释静止的物体保持静止状态的原因。另一方面，改变物体的运动状态则需要外力作用。

柯瓦雷进一步认为，亚里士多德主义者对惯性原理的解释基于亚里士多德学派物理学的哲学思想，这一解释有三层涵义：一是物体的运动不存在某个体系；二是空间是一个多彩多样、有限而封闭的真实空间；三是运动在数与符号组成的数学王国里不存在。在此基础上，他们认为，运动作为一种变化过程而非状态，不可能是自发的，而需要有外力作用，一旦外力停止，则物体的运动就会停止。这就无法解释抛射体运动。

（三）"运动"概念的不同内容

不同哲学根源与其相应的科学思想的认识体系，使运动概念具有不同的内容。柯瓦雷认为，在伽利略看来，"运动"概念基于与近代一样的柏拉图哲学体系，运动是一点到另一点的纯几何变化，因为物体的运动可以独立地形成一个体系，这就意味着物体再次受到外力作用时不会对其原始运动有任何影响，这就可以解释，在运动船只的桅杆顶部使一个小球下落，小球会落在桅杆的脚下而不会落后一些。这就表明，运动与静止没有差别，运动发生变化与物体的初始状态无关，物体运动是相对于一个运动系内的另一个物体而言的。

亚里士多德主义者的运动概念代表了古代与中世纪人们的观念，他们的认识产生自亚里士多德学的哲学体系。他们认为，运动是变化过程，而静止是一种状态，静止是运动的目标和结果，运动与静止的对立如同光明与黑暗一样。因为物体的运动不具有独立性，这就意味着物体再次受到外力作用时会影响其原先的运动状态，所以维持物体的运动就需要的外力。之所以物体运动不具有独立性，是因为他们认为，有限而封闭的"天球"与同质而无限的几何空间截然不同，月下区物体的运动与月上区天体的运动受到不同规律的支配，这就必须诉诸对天文学的研究。

三、"运动"概念的历史建构

伽利略的惯性原理遭到了传统上一直保持权威的亚里士多德主义者的诘难。柯瓦雷认为，在天文学上，亚里士多德主义者以一种更加现代的方式反驳柏拉图的哲学体系，这体现在托勒密对地球运动的发难。

（一）哥白尼统一天体运动与地上运动思想的萌芽

托勒密认为，如果地球运动，则其运动的巨大速度会形成极大的向心力，会将地球上没有与之连在一起的物体甩出去，而所有与之未连在一起或是暂时失去联系的物体会落后一些。向上垂直发射的炮弹将不会回到原处。这很难理解。而在亚里士多德物理学体系中，这一解释具有合理性，运动发生在运动物体的内部，物体由 A 下落经过一段距离到地点 B，其下落的轨迹指向 A 点与 B 点（地球中心）之间的连线。如果地球运动，则物体不会遵循这一连线。柯瓦雷举例表明，这可以解释从运动船只的桅杆顶部下落的小球会落在桅杆的脚下而不会落后一些。

哥白尼对此进行了反驳。他认为，小球会落在桅杆的脚下而不会落后一些不是因为地球的运动，而是因为小球跟随地球运动是一种自然本性，如同空中的白云与飞鸟一样不会落在地球的后面。

哥白尼的解释标志着一种新的哲学思想体系。他将地球上物体的运动与天上物体运动进行类比，表明月上区与月下区的运动遵循相似的运动规律，这就暗示着对亚里士多德月上区与月下区两种不同世界区分的抛弃。但是，哥白尼的这一思想仍然限于现象的、视觉的层面。哥白尼还将地球是物体的运动与小船上物体的运动进行类比，他认为这两种运动本质上是一致的，地球的运动对其所承载的物体不会产生影响，如同船的运动不会影响其所承载物体的运动一样。

（二）布鲁诺对开放宇宙哲学与冲力物理的建构

哥白尼解释所隐含的新哲学体系由布鲁诺这一天才人物提出。布鲁诺认为，月上区与月下区所形成的是一个封闭而有限的世界。世界是个开放的宇宙空间，在他的柏拉图式的空间，所有的地点都等同。运动具有同一性，只有在同一运动体系中，运动的初始状态才会将其运动效应施加于其中的物体。对于船的运动是否会影响其所承载的物体，布鲁诺与哥白尼的观点截然相反。他设想有两个人，一个人坐船经过桥桥洞，另一个人站在桥上。当他们相遇时，同时落下一个石块，前者使石块从桅杆顶部下落，则前者的石块会落在桅杆脚下，而后者的石块则会落于水中。对此，布鲁诺以巴黎唯名论者的冲力物理学进行了解释，他认为，产生不同结果的原因是船上的石块与船的运动属于同一体系，从而使船的运动效应传递给石块，从而使石块能保持其运动。

（三）第谷对布鲁诺冲力物理的攻击

第谷作为一个忠实的亚里士多德主义者，对布鲁诺的冲力物理进行攻击。第谷认为，以桅杆顶部小球的下落为例，小球不会按照布鲁诺的观点落在桅杆脚下，而是要靠后一些，因为小球的速度比船的速度快。第谷还提出一个新的案例反对哥白尼的地球运动的观点，即大炮向西、向东同时发射一颗炮弹，向西运动的炮弹与向东运动的炮弹永远不会经过相等的距离。地球的运动速度极快，按照布鲁诺的冲力物理，大炮与地球在同一运动体系，则炮弹的强迫运动会妨碍它落向地球，如果运动方向与地球的运动方向相反，则地球的运动会因受到阻碍而无法实现。无论是布鲁诺还是第谷，对于亚里士多德的动力学与冲力物理学，他们都认为两种不同的运动会相互阻碍。

（四）开普勒的倒退与引力概念的重建

对于第谷的案例，开普勒在亚里士多德的体系中引入了一个新的引力概念，应用引力思想阐明了维持物体运动的力。

开普勒认为，在第谷的大炮案例中，炮弹的运动是一种混合运动，这种混合运动可以分解为炮弹的运动与地球的运动。但是，地球的运动具有普遍性，重要的是炮弹的运动。他指出地球上物体的运动与船上物体的运动有着本质的不同。这基于他接近于亚里士多德的哲学思想体系，他仍然坚持运动与静止的对立观点，这种对立如同存在与失去的对立，这就回到哥白尼的不能做出解释的难题，必须找出维持物体运动的力。在此，开普勒提出了引力的概念，尽管是个虚构的概念。他将这个力想象为物体通过无数根有弹性的锁链与地球相连，正是通过这些无处不在的锁链的牵引，云、空气、抛出的石块、发射出的炮弹等等不论静止还是运动的物体，都跟随地球一起运动，同时，发射出的炮弹也会反抗地球的牵引，然而，地球对物体的牵引与方向无关，向西的牵引与向东的牵引是一样的，因而，第谷的大炮案例中分别向东、向西两个方向发射的炮弹所经过的距离相同。

柯瓦雷认为，开普勒虽然奠定了整个宇宙物质统一性的基础，但他的天文学仍然不是近代科学产生的基础，唯一的原因是他仍然将运动在本体论上置于静止之上的更高层次。而将运动与静止置于同一本体论层次的工作是由伽利略完成的。

（五）伽利略的思想实验与自然数学化对近代科学的理性建构

伽利略认为，运动具有相对独立性，运动不需要外力来维持。物体相对于地球的运动与相对于小船的运动不同，而桅杆顶部小球的下落不会因为船的运动而发生改变。但是，这种观点与自古希腊以来的亚里士多德传统与权威完全相悖，要颠覆这种传统需要有足够的胆识与智慧，甚至要付出生命的代价。正如柯瓦雷所强调的，他之所以能建立近代科学的基础，最根本的一点就是要建立一种新的哲学体系，在这种哲学体系当中，新的方法自然也必不可少。这里，柯瓦雷认为，伽利略所提出的正是思想实验这一新的方法。柯瓦雷宣称，"正是思想，纯粹没有掺杂的经验或感觉与知觉，赋予伽利略新科学的基础"[①]。当具有经验倾向的亚里士多德主义者质问伽利略他的理论是否有实验数据时，他很骄傲地宣称，我不需要任何实验，就可以断定这一理论的成立。"伽利略的柏拉图主义使他相信，其实没有必要将实验作为验证理论的标志。"[②] 这就表明，物理理论来自先验。物理的理论正如柏拉图所言，其实它存在于我们的头脑中。

伽利略认为，决定物体在空间与时间为行为的规律是诉诸自然数学化的规律。而亚里士多德主义者的失败之处正是否认运动具有严格和纯数学的证据这一命题，不可能通过几何语言来理解这部伟大的"自然之书"。

运动概念中的宗教思想。这里的宗教思想，一方面是指《圣经》中的神学思想，另一方面也指自古希腊以来在古代与中世纪一直都占据统治地位的宗教权威思想。前者对于科学思想的发展是一种信念，可后者则对近代科学的产生设置了众多的困难与障碍。使近代科学思想的产生经历了曲折而艰难、甚至布满血腥的过程。这里，我们只讨论与"运动"概念形成中宗教对科学思想的影响。运动概念中宗教思想，是无法解释现象的落脚点。科学发展史上也有诸多的史实可以证明。事实上，牛顿在无法找到第一原动力时，也将之归属于上帝。布鲁诺在不知道如何解释行星围绕太阳做圆周运动时，在冲力物理的基础上，通过他的宗教灵感来解释。他认为，冲力是运动的动力，所有物体的圆周运动具的自然的会聚倾向，天体由灵魂指挥。柯瓦雷认为，"布鲁诺思想上的形而上学是泛灵论和反数学的，还不能使物理学诞生"。

柯瓦雷对运动概念的整体语境分析，建立在对其科学思想的解释及其人产生相关因素的语境分析之中。但是，对运动的语境分析既离不开的当时的文化

---

① Kragh H. An Introduction to the Historiography of Science. Cambridge: Cambridge University Press, 1990: 72.

② Koyré A. Galileo and Plato. Journal of the History of Ideas, 1943, (5): 400-428.

语境，也不能忽视其政治语境。伽利略的柏拉图主义思想与对古代与中世纪的亚里士多德主义传统与权威之间的对抗，以柏拉图主义对亚里士多德主义的胜利告终。托勒密地球静止不动的观点中，充满了宗教思想，而如果在那个时代否认这一点，而赞同哥白尼的地球运动观点，就会遭到宗教裁判所的严厉制裁。因而，哥白尼的《天体运行论》的出版一拖再拖，甚至要寻求主教的支持。

　　总之，柯瓦雷在语言分析基础上，进行了哲学思想、物理学思想、天文学思想与宗教思想方面的思想建构，对伽利略运动思想的萌芽阶段、进步阶段、甚至中间出现的思想的倒退阶段，以及最终的完善进行了历史建构，哲学思想的建构是科学思想建构的基础，而历史建构是思想建构的背景与过程的体现，是科学思想在形成过程中在迷途与绝境中不断克服困难而一步一步地走向胜利的体现，是科学史研究的真正意义之所在。在伽利略新哲学理论体系的建构中，还建构了思想实验的新方法。

柯瓦雷科学编史学之
影响：柯瓦雷效应

由于柯瓦雷的科学编史学思想至今仍在科学史研究中发挥着重要作用，我们提出"柯瓦雷效应"这一概念，旨在表明柯瓦雷的编史学思想对后世所产生的巨大影响。所谓柯瓦雷效应，是指科学史大师柯瓦雷因他在科学史及相关学科的研究中所取得的杰出成就，而在科学史、科学哲学以及科学社会史等相关领域所产生的广泛而深远的影响。本章研究了柯瓦雷效应在法国形成、在美国发展壮大、在意大利两度兴盛的过程，通过对柯瓦雷论著的专门研究与引证研究，运用定量与定性相结合的方法，对柯瓦雷效应影响的时间、范围、程度、领域作了趋势分析，并进一步剖析了柯瓦雷效应的形成因素：柯瓦雷思想中的哲学与建构成分、胡塞尔思想的影响、意大利科学体制的改革及其传统对柯瓦雷思想的高度认同性。研究柯瓦雷效应具有重要的理论与现实意义，有助于弥补中国当代柯瓦雷科学思想史研究中的缺失环节，有利于科学与哲学关系的认识与理解，有益于科学与人文的融合，他的思想与方法是值得我们借鉴的典范。

第一节　柯瓦雷效应的形成

库恩认为，柯瓦雷的《伽利略研究》是"科学史的一场革命"。[①] 柯瓦雷的巨大影响常常被认为是在科学史领域。这尤其表现在对他的评价中，如科学思想史学派的领袖人物、思想史学派的主要开创者[②]、科学思想史家[③]、著名的科学

---

① 科恩. 科学中的革命. 鲁旭东，赵培杰，宋振山译. 北京：商务印书馆，1998：497-498.

② 吴国盛. 海德格尔与科学哲学. 自然辩证法研究，1998，(9)：1-6.

③ 吴国盛. 20世纪的自然哲学和科学哲学：突现时间性. http://newmind40.com/01_4/wgsh8.htm[2015-3-5].

史家 ①，等等。这容易使我们误以为柯瓦雷效应主要是在科学史领域。作为科学史大师，柯瓦雷与萨顿齐名，萨顿开创了实证主义编史学，柯瓦雷则是科学思想史的代表。柯瓦雷在科学史界的影响很大，但对于他在科学史界之外的影响我们知之甚少。

通过对有关柯瓦雷研究资料的系统而全面的收集、整理与分析，我们发现柯瓦雷的影响并不限于科学史，他的影响超越了科学史领域并波及更广泛的领域，如科学哲学、科学社会学和自然科学等。为了研究他产生的影响，首先，我们把与柯瓦雷相关的论文分为两类：一类是别人引证他的论文；另一类是专门研究他的论文。其次，我们对刊登这些论文的期刊按照科学哲学、科学史和其他方面分类。国外科学哲学类期刊主要有：*British Journal of the philosophy of Science, Philosophy of Science*。科学史类期刊有：*Historia Mathematica, Isis, History of science, Journal of the History of the Neurosciences, History and Theory*。其他方面有：*Physics in Perspective, Social, Epistemology, The Journal of Religion, Russian Literature* 等 16 种对柯瓦雷论著进行引证的期刊。对这两类论文的初步分析表明，柯瓦雷的影响除了在科学史领域，在科学哲学的影响似乎比科学史的还大，而且在科学史之外的领域似乎影响也不小，这一发现令我们吃惊。

根据上面的资料，我们以不同的标准把柯瓦雷效应分为不同的类别：按照范围分为两类，国内和国外的柯瓦雷效应，柯瓦雷效应的国内外比较反映出国内外柯瓦雷不同程度的影响，这在一定程度上体现出国内外柯瓦雷研究方面的差距；按照时间也分为两类，长期和近期的柯瓦雷效应，柯瓦雷效应的线性时间分析体现了柯瓦雷思想影响的总体趋势；按照与科学史的相关学科与其他学科分为三类，科学哲学、科学史、其他方面的柯瓦雷效应，科学史相关领域内柯瓦雷效应的比较表明了柯瓦雷思想影响的广泛性；对于上述的其他方面，按照不同学科分为三类，自然、社会、人文领域的柯瓦雷效应，在此体现了柯瓦雷思想具有科学与人文相互影响、相互融合的一面；柯瓦雷效应在不同国家的影响首先表现在该国科学史相关领域的期刊中，而其影响程度的差异反映出这一国家自身的哲学思想传统，以及其对现象学、特别是不同国家对胡塞尔现象学不同程度的吸收、改造过程，充分体现了不同哲学思想传统对于科学史研究重要影响。根据国家，柯瓦雷效应可以分为在法国、意大利、美国、英国、中

---

① 陈克艰. 人类历史上科学的发生不是必然而是个"异教". http://cul.sina.com.cn/p/2005-03-31/118492 htm [2013-5-2].

国、俄国、荷兰、瑞士、丹麦、捷克、巴西、比利时、以色列、加拿大等不同国家产生的柯瓦雷效应。

柯瓦雷效应的国别研究，以不同国家引证柯瓦雷的论文数为指标。当然，国际上权威的科学史期刊很可能在多个国家发生影响，但是仍然在本国的影响较大。因此，一方面，由于思想文化基础的一致性与思维方式的相异度较小，对本国期刊的接受程度通常要远远大于其他国家；另一方面，由于语言障碍，对不同语言的理解仍然存在一定的限度。因而，以不同国家引证柯瓦雷的论文数为指标具有一定的合理性。下面对不同国家引证柯瓦雷的论文情况逐一研究。对于柯瓦雷效应在中国的影响，下一节将专门阐述。

一、柯瓦雷效应的出现①

柯瓦雷的思想是在德国与法国文化传统的共同影响中形成的。1939 年，柯瓦雷代表性的科学史经典著作《伽利略研究》的出版，标志着柯瓦雷科学编史学思想的形成。在此之前，但是柯瓦雷思想的影响主要在法国。这是因为，法国不仅是他的思想形成的策源地，与其他国家相比，柯瓦雷效应的影响在法国非常显著。这首先表现在引证柯瓦雷的期刊种类多。具体如下：① *Archives Internationales d'Histoire des Sciences*（《国际自然科学史档案》）② *Archives de philosophie*（《哲学档案》）③ *Annuaire de l'École des hautes études en sciences social*（《社会科学高等研究年鉴》）④ *Critique*（《评论》）⑤ *Cahiers internaionaux du Synbolisme*（《国际符号论集刊》）⑥ *De homine*（《论人》）⑦ *Nouvelles de la république des letters*（《文学论坛消息》）⑧ *La pensée*（《思想》）⑨ *La recherché*（《求索》）⑩ *La nouvelle revue française*（《新法国评论》）⑪ *Pour la science*（《论科学》）⑫ *Philosophie*（《哲学》）⑬ *Revue de métaphysique et de morale*（《形而上学和道德评论》）⑭ *Revue d'histoire des sciences*（《科学史评论》）⑮ *Revue de synthèse*（《综合》）⑯ *Revue philosophique de la France et de l'étranger*（《法国与外国哲学评论》）⑰ *Revue d'histoire et de philosophie religieuses*（《宗教史与宗教哲学评论》）⑱ *Revue des études slaves*（《斯拉夫研究评论》）⑲ *Revue d'histoire ecclésiatique*（《美学史研究》）。

---

① 柯瓦雷的思想发源于德国，这在第一章第一节中有阐述，这里不再赘述。

19 种期刊中，科学史类的期刊，有 2 种，即:《国际自然科学史档案》与《科学史评论》，宗教类的期刊有《宗教史与宗教哲学评论》1 种，其余基本上都是哲学类期刊。就论文数而言，科学史类的论文数有 6 篇，宗教类的论文数有 1 篇，剩下的 35 篇基本为哲学类论文，这表明，柯瓦雷思想在法国以哲学方面的影响最大。

从图 6-1 中可以看到，在法国，柯瓦雷的影响时间从上个世纪初就已经开始，在 20 世纪 60 年代初达到顶峰，之后，柯瓦雷效应不断增强，在 20 世纪 80 年代初期与 21 世纪初期又出现两个较小的高峰。

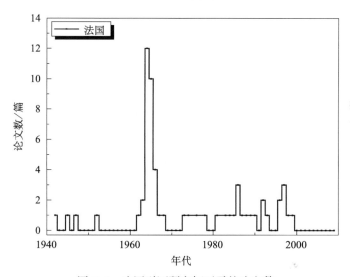

图 6-1　法国引证研究柯瓦雷的论文数

二、柯瓦雷效应的发展

柯瓦雷的思想在第二次世界大战后曾先后传入英国与美国，这时的美国科学史学科已经在萨顿等的努力下获得了很大的发展，同时，科学史家们也逐渐意识到萨顿实证主义编史学的缺陷，因而，柯瓦雷的科学思想史的传入，为美国科学史研究耳目一新，渐渐使美国科学史取得了独立学科的地位。

柯瓦雷效应在美国的发展情况将诉诸分析美国引证柯瓦雷的期刊，这些期刊有：① *Isis*（《爱西斯》）；② *Journal of the History of Ideas*（《思想史研究》）；③ *Philosophy and Phenomenological Research*（《哲学与现象学研究》）；④ *Science in Context*（《语境中的科学》）。

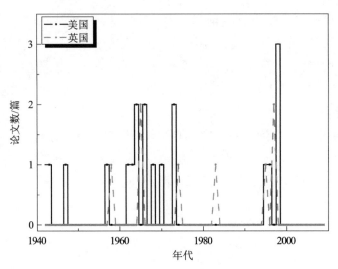

图 6-2　美国、英国引证研究柯瓦雷的论文数

在这四种期刊中，前两个是科学史类的期刊，而 *Isis* 更是科学史领域中最权威的杂志之一，能在国际权威性的期刊中保持很高的引用率，这足以证明柯瓦雷思想的创新度之高。其中，有趣的是，《哲学与现象学研究》与《语境中的科学》这两类期刊，前者表明了柯瓦雷思想与哲学、特别是现象学的密切有关系，而后者则表明了柯瓦雷科学史的根本方法。这在很大程度上表明，美国对柯瓦雷的思想研究得非常深刻。第二次世界大战后，尽管柯瓦雷的思想在美国引起了广泛的注意，他为科学史确立了真正独立的地位，并且他曾在美国讲学十余年之久，但是实际上，图 6-2 中表明，美国与英国引证研究的柯瓦雷论文的初始时间大体在第二次世界大战之后，首先是向英国的传播，而后才传入美国。这很大程度上有两方面的原因：一是由于柯瓦雷的代表作《伽利略研究》发表于第二次世界大战期间，战争影响了不同国家之间的科学交流，那时没有现代的网络设备同，科学思想的传播多以讲学、出版物等为主；另一方面，科学英国与法国距离较近的，柯瓦雷到那里讲学交通较为方便。

英国与美国引证研究柯瓦雷的论文都不是很多，柯瓦雷的思想在这两个国家内引进的反响不是很强烈，并且，他们都是英语国家，在思想文化上具有很多内在的一致性，因而，我们将两国放在一起做比较研究。相比而言，英国较美国的引证研究的论文数更多一些，期刊的种类也较多。英国引证研究柯瓦雷的期刊有：① *Annals of Science*（《科学年鉴》）；② *Encounter*（《文汇》）；③ *European Review of History*（《欧洲史学评论》）；④ *History of Science*（《科学史》）；⑤ *History and Technology*（《历史与技术》）；⑥ *Journal for the History of Astronomy*（《天文史研究》）；⑦ *Studies in History and Philosophy of Science Part A*（《科学史与科学哲学研究 A》）；⑧ *The British Journal for the Philosophy of Science*（《英国科学哲学研究》）；⑨ *The Classical Review*（《经典评论》）。

　　美国与英国引证研究的柯瓦雷论文相差不大。这在很大程度上，是由于语言的问题，美国与英国都是英语国家，而柯瓦雷的大部分著作均以法语为主。另一方面，尽管美国对柯瓦雷的引证研究不多，但是，对柯瓦雷的专门研究则占据绝对优势。[①] 这表明，美国对柯瓦雷的思想以迅速的采纳与吸收为主，之后，则被新的思想进一步发展。在英国，引证柯瓦雷期刊的种类较多，其领域涉及哲学、历史、天文史等诸多方面，表明了柯瓦雷思想影响的广泛性。

三、柯瓦雷效应的盛行

　　在意大利，柯瓦雷思想的传入引起了巨大的反响，甚至出现了再度复兴的现象。这在科学史领域中，几乎没有第二个科学史家的思想出现过两度复兴的现象。科学史研究多以实证为主，多是对以往科学的重新解读，能像哲学思想那样引发人类思想的变革科学史家更是难能可贵的，而柯瓦雷就是这样的科学史家。在此，我们仍然从引证柯瓦雷的期刊着手进行分析。在意大利，引证研究柯瓦雷的期刊主要有：① *Filosofia*（《哲学》）；② *Giornale critico della filosofia italiana*（《意大利哲学报刊评论》);③ *Il ponte:rivista di pilitica e letteratura*（《桥梁：政治与文学评论》）；④ *Nouva civiltà della machine*（《机器新文明》）；⑤ *Nuncius: Annali di Storia della Scienza*（《科学史研究年报》）；⑥ *Rivista di filosofia*（《哲学评论》）；⑦ *Rivista di storia della filosofia*（《哲学史研究》）；⑧ *Rivista di storia della storiografia Moderna*（《现代编史学史评论》）；⑨ *Scientia*（《科学》）。

　　其中的 9 种期刊中，科学史类的期刊，有 2 种，即《科学史研究年报》与《现代编史学史评论》，科学类的期刊有《科学》1 种，政治与文学类的有 1 种，其余基本上都是哲学类期刊。就论文数而言，科学史类的论文数有 2 篇，宗教类的论文数有 1 篇，剩下的 15 篇基本为哲学类论文。这表明，在意大利，柯瓦雷思想仍然以哲学方面的影响最大，除科学史外，柯瓦雷影响还涉及政治与文学方面。

---

① 对柯瓦雷的专门研究见本章第二节。

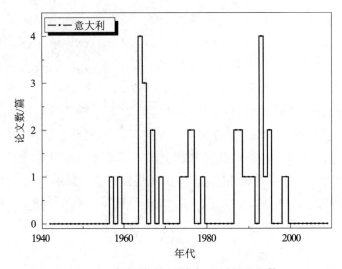

图 6-3   意大利引证研究柯瓦雷的论文数

从图 6-3 中可以看到，在意大利，柯瓦雷的影响时间从上个世纪 60 年代才开始的。这说明，第二次世界大战之后，柯瓦雷的思想才传播到意大利。在柯瓦雷思想引入意大利的初始阶段，引证他的论文数就很多。这表明，柯瓦雷从一开始进入意大利时，就引进了巨大的反响。如图 6-1 所示，另一个高峰出现于 20 世纪 90 年代，这一时期柯瓦雷的思想在意大利再度兴起，这不能不令人感到惊讶。其原因，我们将在第三节作进一步的具体分析。其他欧美各国如荷兰、瑞士、丹麦、捷克、巴西、比利时、以色列、加拿大、葡萄牙等，都出现了引证研究柯瓦雷的论文，但是大多都是零星的 1 篇或 2 篇，影响不大，这里不再做进一步的研究。

第二节   柯瓦雷效应的趋势分析

为了验证我们的发现，通过对 1945～2005 年关于柯瓦雷研究的相关文献和资料进行计量分析，试图从实证角度通过定性与定量分析相结合的方法，揭示出柯瓦雷效应及其意义。

一、柯瓦雷论著研究的总趋势

通过国内外对柯瓦雷论著研究的专门研究和引证研究进行计量分析。根据

1945-2005 年收集到的相关电子文献和原始资料，我们得出了国内与国外对柯瓦雷论著专门研究和引证研究论文数量图（图 6-4）。其中，专门研究是本书对柯瓦雷的研究，引证研究只是论文中有所提及。其中，国内的专门研究有 10 项（包括翻译柯瓦雷的论文和著作），引证研究有 14 篇，总共有 24 项；国外的专门研究有 34 项（包括对柯瓦雷的论著翻译和后来整理出版的著作），引证研究有 111 篇，总共 145 项。

在图 6-4 中，X 轴代表年代，Y 轴代表国内外对柯瓦雷论著专门研究和引证研究论文数量。方形点的连线代表国外对柯瓦雷论著专门研究和引证研究论文数，菱形点的连线代表国内对柯瓦雷论著专门研究和引证研究论文数。如图 6-4 所示，从 1945～2005 年，方形点的连线呈现上升趋势，说明国外研究在升温，尤其在 2003 年左右，有突然的升高。菱形点的连线在 2000 年附近开始上扬，表现出国内研究在升温。方形点的连线具有连续性，从 1941～1992 年附近，振幅在 0～4 范围内稳定波动；而在 1992 年后，呈现不断攀升的态势，说明柯瓦雷的思想再次成为国外关注的热点，成为与 21 世纪主流思想密切相关的一部分。菱形点的连线具有间断性，1991-1997 年只是一些断点，在 2002 呈现一种骤然的上升。这是通过翻译引进研究的特点。

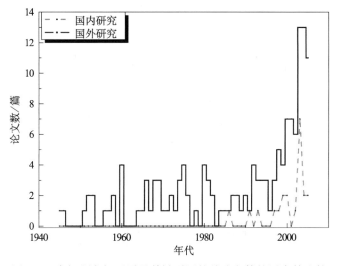

图 6-4 专门研究柯瓦雷及其被引证的总论文数的国内外比较

目前，国内外对柯瓦雷的研究都在升温。国外研究比国内早近半个世纪的时间，表现出明显的连续性，一定的稳定性，影响范围大，时间长，反映了柯瓦雷的论著具有一定的经典性和创始性。而国内对柯瓦雷研究起步晚，研究呈现间断性，波动性显著，对柯瓦雷的关注凸现。对柯瓦雷的论著进行全面而系统的研究已经提上日程。

二、国内外对柯瓦雷论著的引证比较分析

国内外的引证研究都远远大于专门研究。而国内的数量不多，态势不明显，所以我们可以先对国内外的引证研究作一分析。

（一）对柯瓦雷论著的国外引证分析

国内的引证研究有 14 篇，国外的引证研究有 111 篇，见图 6-5。图 6-5 是国外对柯瓦雷论著的引证论文数，正方形表示国外科学哲学期刊对柯瓦雷论著引证论文数，有 46 篇；菱形表示国外科学史期刊引证柯瓦雷论著的论文数，有 32 篇；三角形表示其他方面的期刊引证柯瓦雷论著的论文数，有 16 篇；其他期刊包括自然科学、社会科学、认知科学、宗教和文学等诸多领域的期刊。

从图 6-5 可以看出，从 1950～2005 年，菱形点构成的曲线的时间跨度大，而正方形点构成的曲线仅在 1970～1980 年出现，在 2002 年附近突然攀升，说明柯瓦雷效应最初在科学哲学领域显现，而在科学史方面的显现较为滞后。正方形点构成的曲线在 2002 年附近突然有所攀升，表明近期柯瓦雷效应在科学史界凸现。三角形点构成的曲线在 2000 年附近呈现强劲的攀升，表明柯瓦雷效应不仅局限于科学哲学和科学史的领域，而且还波及自然科学、社会科学、认知科学、宗教和文学等诸多领域。柯瓦雷是内史大师，这已是国内外的定论。但是柯瓦雷效应在科学哲学方面显现的大大超出了科学史的方面；在科学哲学和其他自然科学、社会科学、认知科学、宗教和文学等诸多领域的影响与科学史方面的效应相差无几，这些分析结果大大出乎我们的意料。近期，由正方形点构成的曲线和三角形点构成的曲线在 2 和 4 的数据处均呈现递增点，可以看出柯瓦雷效应在柯瓦雷的科学哲学效应远远大于科学史效应。近期柯瓦雷的科学效应和科学史效应凸显，两者步调相近。引证研究还说明了柯瓦雷效应在不同领域、不同学科的体现。至于其他领域，我们将在下一部分进行分析。

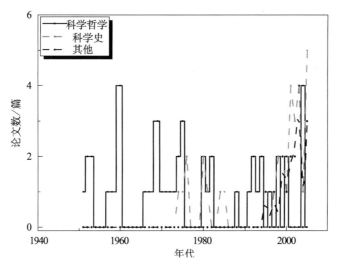

图 6-5　国外引证柯瓦雷论著的论文数在科学哲学与科学史领域的比较

（二）对柯瓦雷引证研究在自然、社会、人文学科的比较分析

在自然、社会、人文学科方面对柯瓦雷引证研究的比较见图 6-6。从图 6-6 中可以看出，自然科学最强，其次是社会科学和认知科学领域，宗教和文学并列最后。柯瓦雷自然科学效应最强，与柯瓦雷论著的研究方向和他看待科学思想与哲学、宗教的密切相关性有关。从帕拉塞尔苏斯的神秘主义，而后到哥白尼、笛卡儿、伽利略，最后到牛顿。他的代表作《伽利略研究》《从封闭世界到无限宇宙》主要是在物理学领域。柯瓦雷自 20 世纪 40 年代所从事的研究主要是 17 世纪科学思想演变这一中心问题，涉及伽利略、开普勒、笛卡儿、胡克和牛顿等。他曾经将他的努力总结为宇宙逐步精确化。他发现，这种变化的特征是精确测量概念的明晰化。由于科学仪器的发明，现代科学由定性实验到定量实验的转变成为可能。柯瓦雷认为，科学思想的影响及其所决定的世界观，并不仅呈现在科学领域，笛卡儿和莱布尼兹的思想同样存在于神

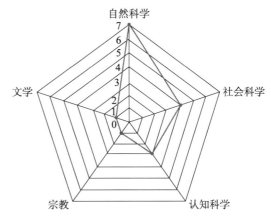

图 6-6　引证柯瓦雷论著的论文数在自然、社会、人文学科领域的比较

秘主义中，这种神秘主义的教条明显不同于先前的思想。形成于此体系中的思想，隐含着一种想象，或者，一种对世界的定义，并植根于对这个定义的阐述，如果不参考哥白尼所创立的新天文学，从严格意义上，玻姆的神秘主义很难理解。从中我们可以看到，他的哲学思想如何阐明了他的科学思想。这种跨学科的、哲学的、形而上学和宗教的思想与科学史广域视野，是柯瓦雷效应在社会科学和认知科学领域，甚至宗教和文学领域产生广泛影响的重要思想来源，是柯瓦雷大师魅力根本之所在。[①]

（三）对柯瓦雷论著的引证研究的国内外比较

国外的引证研究表明柯瓦雷的论著在国外的影响很大，而柯瓦雷的论著在国内产生的影响，主要也体现在国内对于柯瓦雷论著的引证研究上。通过国内外对柯瓦雷论著引证研究的差异，体现了对柯瓦雷思想认识上的差距。对柯瓦雷论著的引证研究的国内外比较见图 6-7。方形点的连线表示国外对柯瓦雷论著的引证情况，菱形点的连线表示国内对柯瓦雷论著的引证情况。

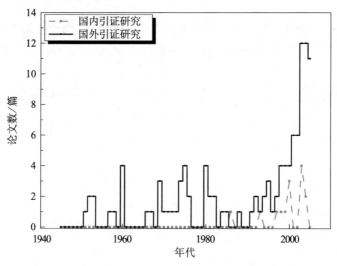

图 6-7　引证柯瓦雷论著论文数的国内外比较

图中我们可以看到，方形点的连线从 1950～2005 年的时间跨度大，主要是在 2000 年附近的 0～4 波动，表明国外柯瓦雷思想的影响时间长，面宽；而菱形点的连线的时间跨度很小，但是上升快，表明在国内柯瓦雷思想的影响时间

① Cohen I B, Clagett M. Alexandre Koyrè (1892-1964): Commemoration.Isis, 1966, 57(2): 157-166.

短，面窄。这说明，相对于国外，我们对柯瓦雷的认识还很不够。我们还没有跟上国外研究的步伐。要想追踪国际前沿，与国际同行展开对对话，我们还有很艰巨的任务需要完成。

三、对柯瓦雷论著专门研究国内外比较

对柯瓦雷论著引证研究的比较表明了柯瓦雷效应的影响范围与强度，而对柯瓦雷论著的专门研究的深刻程度则是柯瓦雷效应影响的范围与强度的决定因素。因而，有必要对柯瓦雷论著专门研究的情况加以比较，以表明国内对柯瓦雷研究还存在的问题。

如图 6-8 所示，国内的专门研究有 10 项，国外的专门研究有 34 项。其中，X 轴代表年代，Y 轴代表国内外对柯瓦雷论著专门研究的论文数。正方形代表国外专门研究柯瓦雷的论文数，菱形代表国内专门研究柯瓦雷的论文数。从图 6-8 可以看到，从 1945～2005 年，国外对柯瓦雷论著的研究时间跨度很长，在 1 的位置具有一定的稳定性，说明对柯瓦雷论著的研究很少。国内的研究虽然时间落后了近半个世纪，但是，在数量上在 2000 年附近与国外几乎相当，说明国内已经敏锐地发现对柯瓦雷论著研究的不足，开始重视对柯瓦雷的研究。但是主要还是翻译他的论著，对柯瓦雷思想的研究只有零星的 3 篇。这为我们提供了巨大的研究空间。

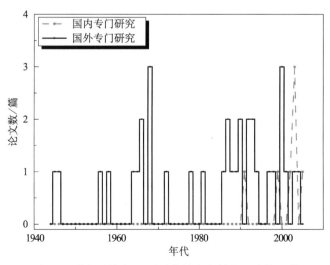

图 6-8　专门研究柯瓦雷论著的论文数的国内外比较

总之，柯瓦雷效应的发展趋势表明，国外柯瓦雷效应远远强于其国内效应；柯瓦雷效应在科学哲学方面显现大大超出了科学史；在自然、社会、人文科学领域，宗教和文学等诸多领域的影响与科学史方面的效应相差无几。从强度而言，柯瓦雷效应在科学哲学领域最大，从广度而言，柯瓦雷效应在自然科学领域的范围最广。

第三节　柯瓦雷效应产生的原因

柯瓦雷的影响大大出乎我们的意料，同时也充分体现出他作为大师的魅力。而他的影响产生自何处，为何又再次受到人们的强烈关注，这一问题更吸引着我们作更进一步的考察与探索。

一、柯瓦雷思想具有哲学与建构成分

柯瓦雷的大量代表性论著是柯瓦雷效应产生的基础。第一，柯瓦雷效应主要源自其本人论著，具体体现在对其论著的专门研究和大量引证中。他本人的论著中，论文有 72 篇，著作有 13 部。除了其代表作《伽利略研究》之外，还有《从封闭世界到无限宇宙》《牛顿研究》《形而上学和测量》《天文学革命》等。柯瓦雷的出身、讲学和研究横跨俄罗斯、法国和美国，也因为他的哲学、思想史背景，还有他采取的方法和科学史观，使得柯瓦雷效应跨越地域、文化和学科的界限。

在他身后的半个世纪，人们才认识到他的思想远远超越了他的那个时代。对柯瓦雷论著的研究不足是柯瓦雷的科学史效应显现较晚的重要原因之一。语言也是其中非常重要的一个因素，因为在他生命的后十年中，他才用英语发表了一些论著，如《从封闭世界到无限宇宙》《牛顿研究》等，而他大部分论著均系法语写作，这也是他的思想不易被人深刻理解的原因之一，导致柯瓦雷的科学史效应的显现远远滞后。

《从封闭世界到无限宇宙》一书，阐明了 16 世纪和 17 世纪欧洲思想类型及其结构发生的剧变。望远镜的发现和哥白尼理论使人们醒悟，"固定天球"形成的有秩序的宇宙观让位于时间和空间为无限的宇宙观，并对人类思想上产生了深远的影响。柯瓦雷这样来解读这场革命，根据宇宙及位于其中地球的概念发生的变化进行阐释，以表明现代世界中这种占主导地位的变化。库恩在《科学》

杂志上发表评论说，"柯瓦雷提供相关材料并以具有内在一致性的见解和精彩的评论阐明材料……研究 17 世纪思想的重要著作"；凯斯特勒（Arthur Koestler）在《文汇》（Encounter）杂志上评价到，"这是一部充满学识却不卖弄学问、清晰却不过度简化的作品"；《哲学与现象学研究》这样评价："这样的一部作品必然会同时受到科学家、哲学家与思想史学家的欢迎。"《哲学季刊》认为，从中世纪的世界观到 17 世纪后很快被广泛接受的世界观，这一世界观转变问题的重要作品[①]。由六篇论文组成的《形而上学和测量》文集，有关柯瓦雷的伟大主题：形而上学和观察的相对重要性，通过两者之间联姻的实验检验，阐明如果寻求科学革命的解释，必须集中于科学家的哲学观，而远离猜想性的理论。《科学》杂志对这本书的评价是："对于这个主题的挑战，没有比这本书更成功的。"[②]

第二，柯瓦雷的科学哲学研究传统是柯瓦雷效应产生的深刻根源。对柯瓦雷论著的研究结果表明，柯瓦雷的长期效应趋势不断上扬，而这种长期效应以科学哲学领域为主导，在科学史相关领域，柯瓦雷效应只是最近才突现。这似乎与柯瓦雷是内史大师的定论有矛盾：既然是内史大师，柯瓦雷的科学史效应应该远远大于科学哲学效应。

事实上，柯瓦雷的科学哲学效应远远大于科学史效应，恰恰表明了柯瓦雷是站在科学哲学角度来高屋建瓴地研究科学史的。正是这种思想高度，奠定了柯瓦雷效应的牢固根基。柯瓦雷在哲学方面有很深的造诣，他在研究哥白尼、笛卡儿、伽利略和牛顿之前，已经对柏拉图、圣·安瑟伦和中世纪的哲学都进行了颇有见地的研究，这使他在科学哲学方面产生重要影响具有一定的必然性。我们的计量分析结果也证实了这一点。

从学科看，不同学科领域的柯瓦雷效应表现为：自然科学最强，其次是社会科学和认知科学，最后是宗教和文学。柯瓦雷本人如果没有在人类思想领域的广泛涉猎，绝不可能有如此诸多领域的效应显现。同时，近期效应还表现为柯瓦雷的科学效应和科学史效应的凸显，表明柯瓦雷在自然科学和科学史方面具有扎实基础。

第三，柯瓦雷思想中的"建构论"成分是柯瓦雷效应近期突现的直接原因。根据对柯瓦雷论著专门研究的论文和被引证论文的计量分析，柯瓦雷科学哲学效应占主导，近半个世纪中呈现出一定的稳定性；而在科学史领域，只是近期

---

① Koyré A. From the Closed World to the Infinite Universe. Baltimore: The Johns Hopkins University Press, 1968: Back cover.

② Koyré A. Metaphysics and Measurement: Essays in Scientific Revolution. London: Chapman&Hall, 1968: Back Cover.

才表现出柯瓦雷效应，并且是一种突现。尤其在 2003 年左右，柯瓦雷效应急剧上升。事实上，柯瓦雷的科学史思想远远地超过了他的那个时代，而与当前的"建构论"存在相似之处。

20 世纪 70～80 年代英国出现的爱丁堡学派，其主要代表人物巴恩斯（S. Barnes）和布鲁尔（D. Bloor）等创立的"建构论"的科学知识社会学（SSK），宣称科学知识是人类理智有选择、有条件地构成的，其中渗透着社会因素，因而科学知识不过是"社会的微观结构"，都是社会建构的，并非客观真理；科学知识的"客观性是社会性现象"；他们还把科学看成是和宗教、道德、艺术等其他文化现象一样的社会意识形态[①]。这一观点在柯瓦雷的著作中有所体现。

柯瓦雷宣称，科学史的研究与"跨学科的思想、哲学、形而上学、宗教有非常密切的联系"[②]。这里找到了柯瓦雷与"建构论"之间的共同点："建构论"认为科学与宗教、道德、艺术等其社会意识形态相关，而柯瓦雷是将科学与哲学思想、宗教思想的统一性当作他的信念，并把不同学科、哲学、形而上学、宗教这些与科学都具有密切关系的思想应用到科学史研究，还把这种思想传授给他的学生。也是由于他的思想有着广泛的传承者，当他的思想与当前社会相适应时，必然会促成近期科学史领域柯瓦雷效应的突现。这与我们实证研究的结论也一致，事实上，他在自然科学、社会科学、认知科学、宗教和文学等诸多领域都产生了重要影响。

在最近几年中出现的对于柯瓦雷思想的新解释中，柯瓦雷关于人类思想统一的信念得到了研究者的高度重视。一些社会建构论者在这里找到了他们想要找到的东西，并将他视为建构论的又一思想先驱：思想统一信念必然要求思想者打开思考非理性的、或者说社会的、文化的历史因素的大门。[③] 这和当前的后现代主义思想主导下的建构主义主流思想不无关系，此时柯瓦雷思想中建构成分的显现是最近科学史中对他的关注凸显的直接原因。

研究柯瓦雷效应具有重要的理论意义与现实意义。通过对柯瓦雷效应的实证研究，加深了我们对科学哲学与科学史之间的辩证关系的理解，通过对柯瓦雷效应的国内外比较研究，显示出当前国内对柯瓦雷思想研究的不足之处，通

① 张明雯，孙忠艳. 米库林斯基与科学编史学. 自然辩证法研究，2005, 2(4): 105-108.

② Murdoch J E.Alexandre Koyré and the history of science in America: some doctrinal and personal reflections. History and Technology, 1987,(4): 71-79.

③ 袁江洋. 柯瓦雷透视历史的窗口：人类思想的统一. http://wenku.baidu.com/link?url=SVVMVH8QlDIu2hVK DtoBYs6l0CnQvFnFHJJ9yexmYVKQqhz47qIr7aK7LOf8nN0qGOJAlLqAnTYTX5VgsGCPF5kV3-r-eqNM8Taqx G1CAD3[2012-02-28].

过对柯瓦雷这一具体的典范，为科学与人文实现真正的融合提供了一条可行性路径。

二、胡塞尔现象学的影响

柯瓦雷思想的影响总体上经历了四个阶段：[①]第一个阶段是20世纪初到第二次世界大战结束之前的形成阶段，这一时期，特别是20世纪30年代，柯瓦雷《伽利略研究》的三篇主要论文相继发表，柯瓦雷的思想引起法国学界的重视。第二个阶段是从第二次世界大战结束到60年代初，这一时期，柯瓦雷思想的影响达到前所未有的顶峰时期。他的思想很快传到英国、美国、意大利等欧美各国，特别是在美国与意大利，柯瓦雷的思想引发了强烈的反响。这时，柯瓦雷科学思想史的研究为实证形式单一的科学史内史研究注入新的活力，在美国，正是由于柯瓦雷思想的影响，科学史才真正实现学科独立化。第三个阶段在20世纪的70年代，柯瓦雷的思想虽然依旧存在，但是已经基本淡出，这一时期正是科学史外史兴起、而内史走向衰落的阶段。第四个阶段是20世纪80年代以来，科学史中出现了综合史的转向，柯瓦雷的内史研究再次引起人们的关注。与此同时，现象学在法国的发展历程也基本上与此相一致。法国20世纪哲学发展的四个阶段中，现象学运动都以不同程度的表现贯穿其中。

第一个阶段自20世纪初到第二次世界大战前，是法国现象学的引入阶段。这时，也是柯瓦雷科学编史思想形成的阶段。法国现象学第一个阶段是布伦茨威格（L. Brunschvicg, 1869-1944）的新观念论和柏格森（H. Bergson, 1859-1941）的生命哲学相竞争的时代。柯瓦雷为了学习柏格森的思想曾特地从德国去法国求学，而布伦茨威格也常常与柯瓦雷讨论问题，从这一点来看，柯瓦雷与布伦茨威格思想交流的比较深入一些。事实上，柯瓦雷的思想本质上还是一种观念论，他强调科学与哲学相结合，柯瓦雷作为胡塞尔的学生，在高度认可这一思想的同时成功应用于科学史的研究。布伦茨威格与柏格森都认可引进胡塞尔的现象学，但是又有所改造。这主要是因为法国人不能完全接受胡塞尔对纯粹意识和严格科学的哲学理想的强调，而是倾向于对关注情感、知识、思想与社会关系的思考。布伦茨威格思想是一种笛卡儿主义与康德主义相结合导致的新观念论，他倡导严格科学的哲学理想与胡塞尔新笛卡儿主义的现象学具有内

---

① 见第六章第一节图6-1。

在一致性。柏格森与胡塞尔思想的相似性表现为，他的思想是德国现象学"被放宽的柏格森主义"。①另外，这一时期，马塞尔（G. Marcel, 1889～1973）引进德国现象学时，独创性地引入"我就是我的身体"这一理念，这是法国现象学独特性的体现。

第二个阶段自第二次世界大战到 20 世纪 60 年代初，法国现象学达到辉煌的顶峰。这是一个以萨特（J-P. Sartre, 1905～1980）和梅洛－庞蒂（M. Merleau-Ponty, 1908～1961）为代表的现象学与存在主义占据主导地位的时代。此时，柯瓦雷效应的影响程度也发挥至极致。柯瓦雷的思想在这一时期得到了极大的重视，并且其影响在科学哲学、科学史、自然科学与社会科学等领域均有明显显现，特别是科学哲学领域的柯瓦雷效应最为显著。

萨特是独立的法国现象学运动的奠基人，他强调纯粹意识，因而在很大程度上是依照胡塞尔的思想创立法国的现象学。而这一时期另外一位现象学运动的代表人物梅洛－庞蒂，虽然抛弃了胡塞尔纯粹意识，强调身体主体的中心地位，借助德国格式塔心理学研究知觉的本质，但是他却接受了现象学的方法。他们的思想只是强调胡塞尔描述的、局部的现象学，而忽视其各种先验问题。这一时期法国现象学的独特性在于其与现象学与存在主义的结合，被认为是"黑格尔化的胡塞尔"，这就使现象学脱离了胡塞尔的先验和主观主义，使现象学更富有人性，这与法国哲学家更重视具体经验与感性而远离抽象与思辨不无关联，他们更倾向于海德格尔对生存在世的关注，以回归历史与生活世界。

第三个阶段自 20 世纪 60 年代到 70 年代末，现象学由于语言学转向而进入暗淡时期。这一时期是以列维－斯特劳斯（C. Levi-Strauss, 1908～2009）为代表的结构主义与以福柯（M. Foucault，1926～1984）、德里达（J. Derrida，1930～2004）等为代表后结构主义时代，但是，胡塞尔思想的影响依然存在，只不过是被给予不同的解读方式。相对而言，柯瓦雷效应的显著程度也出现了明显的下降，由于科学史中历史维度的介入，科学史的内史研究也发生转向。

胡塞尔也是结构主义与后结构主义的重要思想源泉。德里达的工作在很大程度上源于对胡塞尔的解读；福柯在批判胡塞尔强调先验主观性、批判一切强调主体优先性方法的基础之一，而倡导自我关怀的伦理主体回归的思想。德里达通过对现象学最终基础的考察，将萨特的现象学本体论看作一种"哲学人类学"，更严格地限定了主体的有限性，而非主体之死。这一时期的思想来源已经

---

① 杨大春. 20 世纪法国哲学的现象学之旅. 哲学动态，2005,(6): 38-46.

由胡塞尔让位于马克思、尼采与弗洛伊德。马克思批判资产阶级意识形态的人道主义；倡导科学的马克思主义；尼采从上帝之死推出人这一主体之死，弗洛伊德否定理性主体与意识主体。

第四个阶段是自 20 世纪 80 年代以来，后现代主义延续、后现代主义兴盛、现象学复兴等构成的多元共生的综合时代。柯瓦雷的思想在一定程度上得到复兴，而同时，这一时期科学史中也出现了综合的倾向。后现代主义以利奥塔（J-F. Lyotard）、布尔迪厄（P. Bourdieu, 1930～2002）为代表，现象学复兴中的代表人物有列维纳斯（E. Levinas, 1906～1995）、利科（P. Ricouer, 1913～2005）、亨利（M. Henry, 1922～2002）、马里翁（J-L. Marion, 1946～）等。其中，列维纳斯关注绝对他性，关注他人的人道主义，是对胡塞尔现象学认识论的一种超越；"福柯进入其关注审美生存或伦理生存阶段，似乎从结构主义经后结构主义重新回到现象学的起点，德里达把他的解构指向政治、法律、社会领域，不断扩大其地盘，他对身体、他者等问题的关注，似乎又与现象学有某种牵连"[①]。

总之，柯瓦雷思想处于科学史内史转向外史的"过渡时期"，因而，在科学史研究中具有重要地位；另一方面，柯瓦雷的思想具有重要的哲学意义，柯瓦雷思想在法国的形成、兴盛、衰落与复兴与法国现象学的引入、兴盛、衰落与复兴时间上也基本一致，这表明，柯瓦雷的思想与胡塞尔现象学一脉相承，柯瓦雷思想的走向也就预示了未来现象学在法国的发展。

三、意大利的体制变革与思想认同

柯瓦雷的思想在意大利 20 世纪 60 年代与 80 年代出现了两次复兴，这种现象在科学史家中是绝无仅有的，这不能不驱使我们对其原因进行探寻。

第一，意大利科学史体制的两次变革时期，与柯瓦雷效应两次在意大利出现高峰的时期大致吻合。我们从本章第一节的图 6-1 关于意大利引证研究柯瓦雷的论文数中，可以明显看到意大利柯瓦雷效应的两次高峰期出现的时间：第一个时期是在 20 世纪 60 年代初期，第二个时期是在 20 世纪 80 年代末期。意大利科学史家在大学中逐渐获得其资格认证的可能性，这一过程从 20 世纪 60 年代在科学编史学领域争取讲师职位到第 382 号"共和国总统令"的颁布赋予科学史学者可能的最高级别的教授职称，经历了大约 20 年的历程。

---

① 杨大春. 20 世纪法国哲学的现象学之旅. 哲学动态, 2005, (6): 38-46.

在 20 世纪 60 年代，意大利研究科学史的学者们争取到讲师的职称。第二次世界大战结束之初，科学史还未列入科学编史学的课程之中，尽管在物理、生物、政治、经济、人文等学科开设有科学史课程，但是意大利也没有设立科学史学科的讲师职位。在 20 世纪 60 年代，在米兰与罗马两大人文学院的要求下，杰莫纳特（Ludovico Geymonat）、格里高利（Tullio Greyory）提出争取讲师职称的倡议。讲师职称是大学中最基本的职称等级。之后，科学史被政府列入大学计划之中。

20 世纪 80 年代，意大利科学史研究的中的正教授级别获得认可。科学史职称评定制度的这一改革可以被视为意大利科学史的一个里程碑。1980 年，颁布了一项第 382 号"共和国总统令"，教授职称定为正教授、副教授、聘任教授三级，大学的职能在教学型大学基础上，向科学研究型大学转化。根据这一法令，这一年，意大利大学中的科学史学科中首次设立了科学史教授的职位，考察合格的学者首先担任临时教授一职，之后经过几年通过科学研究成果的评价，则可升任为常任教授。在此之前，科学史家从来不可能获得这种高级职称。到在 20 世纪 80 年代，科学史学科在大学中的最高资格等级已经达到大学正教授的水平。在大学职能由教学向科研转向的大背景中，特别是在刚开始允许研究科学史的学者有可能上升到正教授级别的科学史领域，这一法令无疑对意大利科学史的兴盛与发展起到了极为关键的作用，而这一时期得以获得正教授职称的科学史家同时也是在 20 世纪 60 年代在竞争讲师职位中获得胜利的知名学者，如卡络·马卡尼（Carlo Maccagni）、维琴察·卡佩莱蒂（Vincenzo Cappelletti）等。他们思想的影响在 80 年代才真正显现出来，他们最初对柯瓦雷思想的研究相应地也于 80 年代有明显的显现。

第二，柯瓦雷编史学中的胡塞尔现象学色彩弥补了意大利对现象学的亏欠。

在 20 世纪 60 年代以前，意大利的哲学以柯罗奇的唯心主义思想为主，葛兰西认为"柯罗奇用从具体历史事件中抽象出来的概念代替具体历史事件，就用观念论否定了历史……在恩格斯看来，历史是实践；对柯罗奇来说，历史还只是思辨的概念"[1]。他们倡导形式主义，坚决排斥理性，反对科学的思想，认为科学不过是一种思维经济原则。出现这种现象的原因不能不追溯到法西斯主义对科学的发展的严重制约，第二次世界大战后很长的一段时间内，在意大利这种反科学的意识形态长期占据哲学的主导地位。而 60 年代以后，他的后继者们

---

① 田时刚. 一切历史都是当代史——《克罗奇史学名著译丛》概论. 哲学动态，2005, (12): 65-68.

逐渐开始扭转这一思想。他们不再对科学持敌视态度。意大利的哲学思想更为科学史的兴起提供了思想支持，在意大利史学家与科学哲学家的共同努力，极大地推动了史学研究的步伐。

20 世纪 60 年代以后，不同学科的史学家们，特别是心理学史家的达奇（Nino Dazzi）与物理学史家（S. Petruccioli）等亲自参与建构哲学与科学的桥梁，他们"迫切地想补偿对现象学的亏欠"。[①] 柯瓦雷的编史学思想中浓厚的现象学基础正好能实现他们的热切愿望。柯瓦雷的科学思想史特别将科学的理性置于无比崇高的地位，宣扬科学的逻辑性，强调数理逻辑，特别是反映了胡塞尔反对形式主义的倾向。

第三，柯瓦雷思想中对文化理念的认可与意大利文艺复兴以来的人文主义研究传统相吻合。这种对意大利文化的认同性在很大程度上是其思想能在意大利的土地上大受欢迎的根源。柯瓦雷对文艺复兴时期科学的认识适应了当时意大利的时局。柯瓦雷肯定了文艺复兴时期科学作为一种文化理念方面所具有的重要贡献，"事实上，如果文艺复兴是一个成熟的或者上硕果累累的时期……我们知道，特别是今天，文艺复兴给人类的鼓舞不在于激励科学的进步方面。这一时期的文化理念，也就是其文化与艺术方面的理念，不具有任何科学的成分，而只是一种典型的修辞……科学的演化表明……在文艺复兴活动整个过程中，正是这种文化理念的作用，实现了精神的复兴"[②]。意大利"人文主义"与"文艺复兴"的传统，通常是对与科学、技术相关的文学著作、艺术、哲学、审美、与伦理方面的解释感兴趣。他们更倾向于研究自然不是地上物理或者天体物理规律；倾向研究星象学而非天文学；倾向研究巫术而非医学；倾向研究柏拉图主义而非几何学与数学。一方面，柯瓦雷对于玻姆、黑格尔和德国神秘主义的研究背景与意大利星象学、巫术等非科学方面研究存在思想上的认同感;另一方面，柯瓦雷科学编史学中的哲学倾向迎合了在意大利"人文主义"思想中一贯对哲学、理念感兴趣的传统。

第四，关于柯瓦雷的柏拉图理念之争扩大了柯瓦雷思想在意大利的影响。柯瓦雷编史思想在意大利传播过程中并非一帆风顺，他提出的柏拉图主义就受到了严重的挑战。在意大利，柯瓦雷的柏拉图主义有两种解释，一种是伽利略纯数学上的柏拉图主义；另一种是神秘主义、算术与巫术相混合的柏拉图主义。佛罗伦萨学院派认为，这两种柏拉图主义没有什么明显的界限。1957 年，杰莫

---

① 卡佩莱蒂. 科学史与哲学：意大利的经验. 李书崴译. 科学对社会的影响，1991, (3): 47-53.
② Casini P. Consideration sur Koyré et I'Italie. History and Technology, 1987, (4): 93-99.

纳特在一个关于柯瓦雷的报告中就拒绝接受关于伽利略的柏拉图主义的观点。柯瓦雷认为伽利略的圆周运动和惯性原理是将自然纯粹数学化的分析,在杰莫纳特看来,从严格意义上讲,数学不过是证实伽利略的运动原理的一个工具。对此,柯瓦雷给出解释:毕达哥拉斯学派本身就具有神秘性,文艺复兴时期的柏拉图与毕达哥拉斯思想的界限非常模糊:一方面,巫术与秘义说(Hermétism)相结合;另一方面,将天文学与数学相结合。尽管如此,他仍然审慎地坚信理性。

总之,柯瓦雷效应产生的原因是多方面的,他思想中理性与非理性兼具、科学与哲学、宗教兼备、内史与外史倾向兼有等多元性是最根本的原因,在法国柯瓦雷效应最显著的根源是其思想强烈的胡塞尔色彩;在美国,柯瓦雷效应的增强源于柯瓦雷思想中的哲学与建构成分;在意大利,柯瓦雷效应两度兴盛,其原因是意大利科学体制改革、其思想文化对柯瓦雷的高度认同。

结束语

如果说，萨顿的"百科全书"式编史学开创了科学史，则柯瓦雷的科学编史学真正使科学史学科独立化。

西方科学思想史的形成，以柯瓦雷开创的概念分析法为标志，柯瓦雷的科学思想史在 20 世纪中期居于科学史发展的主导地位，而这一时期正是科学史形成学术规范的时间。柯瓦雷以天文学史、力学史作为学科范式，通过概念分析法，从逻辑与历史统一角度，研究科学革命思想的形成与演变，分析科学思想形成中动力与阻力因素，并进一步探究科学革命思想的本质与来源。《伽利略研究》是柯瓦雷科学思想史成熟的标志。然而，概念分析法形成的重要基础，则是胡塞尔的现象学、历史语境方法论、科学与哲学及宗教结合的整体主义认识论。

本书的论述主要反映了以下几方面的观点。

第一，柯瓦雷对西方科学思想史的哲学建构，建立在现象学、历史语境方法和科学与哲学及宗教多个视角形成的整体主义认识论的基础之上，在欧洲、美国、甚至中东地区都产生了广泛而深远的影响，并导致后来库恩历史主义的兴起与科学革命范式的形成。柯瓦雷成功建构的科学思想史对于中国科学思想史的建构具有重要的借鉴意义。

第二，从科学思想史建构的理论基础来看，"没有科学哲学的科学史是盲目的，没有科学史的科学哲学是空洞的"。中国科学思想史的建构必须建立在一定的科学哲学理论基础之上。柯瓦雷是在现象学哲学基础上建构西方科学思想史，而建构中国科学思想史也必须依据中国哲学史的发展，遵循一定的哲学理论基础。

第三，从科学思想史哲学建构的语境方法来看，柯瓦雷主要以语言与历史语境为主，而忽略了社会语境的作用。"一旦把科学置于历史的定位当中以及导致相应的真理相对化，这就不可避免地开启了科学作为一种社会语境化知识的观点……科学不是一个独立变量，它是嵌套在社会之中的一个开放的系统，由非常稠密的反馈环与社会系统连接起来。它受到外部环境的有力影响。"[①] 而默顿开创的科学社会学强调社会语境的作用，这样的建构方法在一定程度上弥补了柯瓦雷科学思想史的不足。在中国科学思想史的建构中，不能忽视社会因素对科学的影响。

第四，从整体主义认识论的角度看，柯瓦雷强调科学、哲学与宗教相结合的整体主义认识论。这一认识论建立在中世纪科学思想形成的基础之上。柯瓦雷非常注重对历史的整体分析，与奎因的科学整体主义相比，柯瓦雷虽然也强调历史事实之间的关联，但是却看到了科学之外的因素，如哲学、宗教的因素的关联。与以邦格为代表的系统主义相比，柯瓦雷将社会作为科学思想产生过程中的一个相关因素但不是重要因素，邦格将人类社会看成由生物系统、经济系统、政治系统和文化系统四个子系统构成的社会系统整体。柯瓦雷的整体主义认识论，认为现代科学是 17 世纪完成的一场精神革命的成果。科学的社会建构论认为，随着语言在历史发展中逐渐社会化，思想观念和认识也走向社会化，科学的发展是一种渐进式的发展。社会建构论还把社会作为科学共同体交流的充要条件。后来夏平（S. Shapin）提出的集体传记编史学思想一脉相承。集体传记编史学是对即科学的各种思想、科学原则、询问的各种态度和模式渗透到社会结构中的程度，及其在工业化进程中重要作用研究。[②] 集体传记编史学方法从宽泛的意义上理解科学共同体，重视科学的社会功能，将内史方法和外史方法融合为有机的整体。与科学知识社会学中的社会建构主义相比，柯瓦雷认为科学事实是客观存在的。科学知识社会学认为，科学事实不是客观存在的而是被社会建构的。基于整体主义的多元性，在中国科学思想史的建构中，从历史、政治、经济与文化等多个视角出发，才能全面认识中国的科学思想史。

第五，柯瓦雷的思想极其复杂而深刻，这就表现在科学与哲学、文学等众多领域的交融。他的思想涉猎颇广，从科学史到科学哲学，从物理学到天文学，从亚里士多德经伽利略到牛顿，甚至对神秘主义也有深刻的研究与独到的见解。作为大师的他不仅在思想上博大精深，而且还具有优秀的人格魅力。他不仅使

---

① 魏屹东. 广义语境中的科学. 北京: 科学出版社，2004: 18.

② Shapin S. The audience for science in eighteenth century Edinburgh. History of Science, 1974, 12(2): 95–121；Shapin S. Phrenological knowledge and the social structure of early nineteenth-century Edinburgh. Annals of science, 1975, 32(3): 219–243.

一大批青年学者加入到科学史研究的阵营中来，还吸引了许多著名的科学哲学领域的学者研究科学史，并对科学哲学的发展产生了重要影响，甚至直接导致了科学哲学中历史主义的兴起。

第六，关于科学史研究服务于社会精神文明的建设，柯瓦雷的科学编史学正是通过崇尚科学理性，通过将科学概念置于哲学、宗教等整体语境中的分析，找到了近代科学思想的来源，即17世纪的科学革命所导致的人类世界观的根本性变革，并将这种科学理性用于在非理性社会条件下的精英教育与人类思想的重塑。在第二次世界大战期间，柯瓦雷也从弃笔从戎的爱国热血青年成长为执笔从戎的斗士。他热爱自己的祖国，他从拿起手中的枪，到拿起手中的笔，他要拯救的不仅是人的生命，而是人的理性灵魂。而这正从事柯瓦雷科学编史学思想研究的真正价值之所在。正是经过第二次世界大战炮火的洗礼，柯瓦雷科学思想史的意义不仅在于科学思想本身的价值，更在于科学思想对人类思想价值观重塑过程中的作用。这对于正确引导我们当前社会具有重要的指导意义。着重于从塑造人的思想出发，人类文明的进步才能实现质的飞跃。

尽管本书覆盖了柯瓦雷思想的主要部分，但仍有一些可以继续开拓和深化的研究领域。还有一些问题没有研究到，如柯瓦雷的宗教观、柯瓦雷在晚年出现外史倾向的原因分析、概念分析法在中国科学史中的应用等，这些领域和问题都是今后我要继续深入挖掘和研究的方面。

参考文献

蔡贤浩．2005．试论柯瓦雷的科学史观．长江大学学报（社会科学版），28(2): 71-73.

陈克艰．2005．人类历史上科学的发生不是必然而是个"异教"．http://cul.sina.com.cn/p/2005-03-31/118492.htm[2005-03-31].

成素梅，郭贵春．2005．走向语境论的科学哲学．科学技术与辩证法，22(4): 5-7.

戴建平．2000．李约瑟科学史观探析．自然辩证法通讯，22(4): 66-70.

丹皮尔．1997．科学史及其与哲学和宗教的关系．李珩译．北京：商务印书馆．

傅景华．2007．物理学之道与"中医现代化"．http://www.100md.com/htm l/Dir/2004/10/11/51/77/56.htm[2007-07-30].

高策．1997．杨振宁科学思想研究之二——教育、文化与科学创造．科学技术与辩证法，(2): 12-18.

龚育之．2004．科学与人文：从分隔走向交融．自然辩证法研究，(6): 1-12.

郭贵春，成素梅．2006．科学技术哲学概论．北京：北京师范大学出版社．

郭贵春，张培富．2002．科学技术哲学未来发展展望．自然辩证法研究，18(5): 14-17.

郭贵春．2004．科学实在论的方法论辩护．北京：科学出版社．

海德格尔．1999．存在与时间．陈嘉映，王庆节译．北京：生活·读书·新知三联书店．

郝刘祥．2010．伽利略与柏拉图．http://wenku.baidu.com/link?url=A-YE_SqUMxEF0mzX77AfAI7XhmuNqDre6aN5VgJgE6btJVU1EHrUtugDVCAtwyDCs_vpw4NObJlMJnFoFeoswj7p0DDEhLRNzSD2l4l_UxO[2010-11-30].

何兵．2005．科学与人的此在——从库恩与海德格尔的科学观变革来看．自然辩证法研究，21(10): 55-58.

赫尔奇·克拉夫．2005．科学史学导论．任定成译．北京：北京大学出版社．

胡塞尔．1988．欧洲科学危机和超验现象学．张庆熊译．上海：上海译文出版社．

胡塞尔．2001．欧洲科学危机和超验现象学．王炳文译．北京：商务印书馆．

江晓原．1986．江晓原谈科技史．大自然探索，5(4)：143-144．

杰拉耳德·霍耳顿．1999．科学与反科学．范岱年等译．南昌：江西教育出版社．

柯瓦雷．1991．科学思想史研究方向与规划．孙永平译．自然辩证法研究，(12)：63-65．

柯瓦雷．2003．从封闭的世界到无限宇宙．邬波涛，张华译．北京：北京大学出版社．

柯依列．2002．伽利略研究．李艳平，张昌芳，李萍萍译．南昌：江西教育出版社．

科恩．1998．科学中的革命．鲁旭东，赵培杰，宋振山译．北京：商务印书馆．

卡佩莱蒂．1991．科学史与哲学—意大利的经验．李书崴译．科学对社会的影响，(3): 47-53．

李醒民．1997．略论迪昂的编史学纲领．自然辩证法通讯，(2)：38-47．

李醒民．2004．科学编史学的"四维时空"及其"张力"//郭贵春．走向建设的科学史理论研究——
　　全国科学史理论学术研讨会文集．太原：山西科学技术出版社：175-191．

李醒民．2004．皮尔逊的历史研究和编史学观念//郭贵春．走向建设的科学史理论研究——
　　全国科学史理论学术研讨会文集．太原：山西科学技术出版社：478-503．

李约瑟．1979．近代科技史作者纵横谈．社会科学战线，(2)：184-190．

李约瑟．1990．中国科学技术史．第2卷．北京：科学出版社，上海：上海古籍出版社．

刘晓峰．1999．试析伽利略运用数学工具研究自然的原因：对Koyré《伽利略研究》的一点
　　评论．自然辩证法研究，(4): 4-8．

马来平．2004．默顿命题的理论贡献——兼论科学与宗教的统一性．自然辩证法研究，
　　20(11): 105-109．

苗力田．2000．形而上学．北京：中国人民大学出版社．

彭小瑜．2006．教会史与基督教历史观．史学理论研究，(1): 7-9．

乔瑞金．2000．走向科学主义与人文主义整合的当代哲学．自然辩证法通讯，(5): 13-14．

让·拉特利尔．1997．科学和技术对文化的挑战．北京：商务印书馆．

任军．2004．科学编史学的科学哲学与历史哲学问题．社会科学管理与评论，(4): 24-31．

山郁林．2006．简论胡塞尔对柯瓦雷科学史编史的影响——以《牛顿综合》为例．科学·经济·社
　　会，24(1): 77-80．

田时刚．2005．一切历史都是当代史——《克罗奇史学名著译丛》概论．哲学动态，(12): 65-68．

托马斯·库恩．2003．哥白尼革命：西方思想发展中的行星天文学．吴国盛，张东林，李立
　　译．北京：北京大学出版社．

魏屹东，郭贵春．2004．科学史元理论问题的哲学透视//郭贵春．走向建设的科学史理论研究—
　　全国科学史理论学术研讨会文集．太原：山西科学技术出版社：13-38．

魏屹东．1997．爱西斯与科学史．北京：中国科学技术出版社．

魏屹东．2004．广义语境中的科学．北京：科学出版社．

吴国盛．1993．论宇宙的有限无限．http://blog.sina.com.cn/s/blog_51fdc0620100a5ku.html
　　[2008-06-26].

吴国盛. 1998. 海德格尔与科学哲学. 自然辩证法研究，(9): 1-6.

吴国盛. 2008. 20 世纪的自然哲学和科学哲学：突现时间性. http://blog.sina.com.cn/s/blog_51fdc

06201009y4k.html [2008-06-07].

吴国盛. 2010. 什么是科学史：2003 年 9 月在北京大学的讲演. http://wenku.baidu.com/link?url=Cr3u0W_px-AzCIAnJijLTyKlgn5bNHh6V4hVpozn2VNzjSC_iwcKRAe8RbfWPmlIsq66TGpNr0wt2497AF2iRLh_7uac3ROKKX6IyJg_bbS[2010-04-20].

邢润川，孔宪毅. 2002. 论自然科学史的科学属性与人文属性. 科学技术与辩证法，19(3): 61-67.

邢润川，孔宪毅. 2006. 试论科学思想史与哲学的关系. 科学技术与辩证法，23(2): 82-88.

亚里士多德. 1997. 形而上学. 吴寿彭译. 北京：商务印书馆.

亚历山大·柯瓦雷. 2003. 牛顿研究. 张卜天译. 北京：北京大学出版社.

杨大春. 2005. 20 世纪法国哲学的现象学之旅. 哲学动态，(6): 38-46.

杨小明，李树雪，高策. 2003. 系统方法与科技史：一种新的探索——《山西科技史》（上部）的方法论思考. 系统科学学报，11(4)：101-105.

伊姆雷·拉卡托斯. 2005. 科学研究纲领方法论. 兰征译. 上海：上海译文出版社.

殷杰，韩彩英. 2005. 视域与路径：语境研究方法论. 科学技术哲学研究，22(5): 38-44.

袁江洋，刘钝. 2003. 科学史在中国的再建制化问题之探讨（上）. 自然辩证法研究，16(3)：58-62.

袁江洋. 1999. 科学史的向度. 自然科学史研究，18(2): 97-114.

袁江洋. 2005. 中国科学院自然科学史研究所科学编史学教程简介. 中国科学史杂志，26(4)：370-378.

袁江洋. 2012. 柯瓦雷透视历史的窗口：人类思想的统一. http://wenku.baidu.com/link?url=SVVMVH8QlDIu2hVKDtoBYs6l0CnQvFnFHJJ9yexmYVKQqhz47qIr7aK7LOf8nN0qGOJAlLqAnTYTX5VgsGCPF5kV3-r-eqNM8TaqxG1CAD3[2012-02-28].

詹姆士. 1979. 实用主义. 陈羽纶，孙瑞禾译. 北京：商务印书馆.

张明雯，孙忠艳. 2005. 米库林斯基与科学编史学. 自然辩证法研究，21(4)：105-108.

赵乐静，郭贵春. 2003. 科学史与科学社会学的联系. 科学，55(6)：30-33.

赵万里. 2004. 科学知识的社会史——夏平的建构主义科学编史学叙论 // 郭贵春. 走向建设的科学史理论研究——全国科学史理论学术研讨会文集. 太原：山西科学技术出版社：192-208.

赵中立，许良英. 1979. 纪念爱因斯坦译文集. 上海：上海科技出版社：50.

Agassi J, Cohen R S. 1982. Scientific Philosophy Today. Dordrecht: D. Reidel.

Agassi J. 1958. Koyrè on the history of cosmology. The British Journal for the Philosophy of Science, 9(35): 234-245.

Aiton E J. 1965. An imaginary error in the celestial mechanics of Leibniz. Annals of Science, 21(3): 169-173.

Bambrough R. 1962. Partial view of Plato. The Classical Review, 12(2): 134-135.

Belaval Y. 1964. Les recherches philosophiques d'A. Koyré. Critiques, (207/208): 675-704.

Beltrán A. 1998. Wine, water and epistemologicalsobriety: a note on the Koyré-MacLachlan Debate. Isis, 89(1): 82-89.

Bonelli R, Shea W R. 1975. Reason, Experiment, and Mysticism in the Scientific Revolution. London: Macmillan.

Burtt E A. 2000. The Metaphysical Foundations of Modernphysical Science: A Historical and Critical Essay. London: Routledge.

Butterfeild H. 1950. The historian and the history of science. Bulletin of the British Society for the History of Science, 1(3): 49-58.

Carugo A, Crombie A C. 1983. The Jesuits and Galileo's ideas of science and of nature. Annali dell' istituto e museo di storia della Scienza di Firenze, 8(2): 3-68.

Casini P. 1987. Considérations sur Koyré et I'Italie. History and Technology, (4): 93-99.

Clark W. 1995. Narratology and the history of science. Studies in History and Philosophy of Science, (26): 1-71.

Cohen I B, Clagett M. 1966. Alexandre Koyrè(1892-1964): commemoration. Isis, 57(2): 157-166.

Cohen I B, Taton R. 1964. Mélanges Alexandre Koyré. Paris: Hermann.

Cohen I B. 1987. Alexandre Koyré in America: some personal reminiscences. History and Technology, (4): 55-70.

Collingwood R G. 1948. The Idea of History. Oxford: Clarendon Press.

Costabel P, Gillispie C C. 1964. In memoriam. Archive International d'history des Sciences, (17): 149-156.

Coumet E. 1987. Alexandre Koyré: la Révolution scientifique introuvable?. History and Technology, (4): 497-529.

Crombie A C. 1963. Scientific Change: Historical Studies in the Intellectual, Social, and Technical Conditions for Scientific Discovery and Technical Invention, from Antiquity to the Present. London: Heinemann.

Crombie A C. 1981. Philosophical presuppositions and shifting interpretations of Galileo//Hintikka J, Gruender D, Agassi E. Theory Change, Ancient Axiomatics, and Galileo's Methodology: Proceedings of the 1978 Conference on the History and Philosophy of Science. Dordrecht: D. Reidel：1271-1286.

Crombie A C. 1982. Historiacal commitments of European science. Annali dell' Istituto e Museo di storia della Scienza di Firenze, 7(2): 29-51.

Crombie A C. 1986. Experimental sciences and the rational artist in early modern Europe. Daedalus, 115(3): 49-74.

Crombie A C. 1986. What is the history of science? History of European Ideas, (1): 21-31.

Crombie A C. 1987. Alexandre Koyré and Great Britain: Galileo and Mersenne. History and Technology, (4): 81-92.

Darrel E C. 1964. Philosophy and its history. Review of Metaphysics, 18(1): 58-83.

Delorme S, Vignaux P, Taton R, et al. 1965. Hommage a Alexandre Koyré. Revue d'histoire des sciences et de leurs applications, 18(2): 129-139.

Delorme S. 1965. Hommage à Alexandre Koyré. Revue d'histoire des sciences, 18(2): 129-139.

Dolby R G A. 1980. Controversy and consensus in the growth of scientific knowledge. Nature and System, (2): 199-218.

Drake S. 1969. The scientific personality of Galileo// Olschki L. Physis: Rivista Internazionale di storia della Scienza. Florence: Firenze。

Elkana Y. 1974. Beyond the controversy between "internalists" and "externalists". Minerva, 12(1): 143-149.

Elkana Y. 1987. Alexandre Koyré: between the history of ideas and sociology of disembodied knowledge. History and Technology, (4): 115-148.

Elliott C A. 1974. Experimental data as a source for the history of science. American Archivist, 37(1): 27-35.

Findlen P. 2005. The two cultures of scholarship? Isis, 96(2): 230-237.

Fisher C S. 1966. The death of a mathematical theory: a study in the sociology of knowledge. Archive for History of Exact Sciences, (3): 137-159.

Frank P. 1954. The variety of reasons for the acceptance of scientific theories. Scientific Monthly, 79(3): 139-145.

Geymonat L. 1957. Galileo Galilei. Torino: Einaudi.

Gillispie C C. 1960. The Edge of Objectivity: An Essay in the History of Scientific Ideas. Princeton: Princeton University Press.

Gillispie C C. 1981. Dictionary of Scientific Biography. New York: Scribner.

Guerlac H. 1974. The Landmarks of the Literature. London: Times Literary Supplement.

Hall A R. 1969. Can the history of science be history? British Journal for the History of Science, (4): 207-220.

Hall AR. 1987. Alexandre Koyré and the scientific revolution. History and Technology, (4): 485-495.

Héring J. 1964-1965. In memoriam: Alexandre Koyré. Philosophy and Phenomenological Research,

25(3): 453-454.

Herivel J. 1965. Obituary: Alexandre Koyré. The British Journal for the History of Science, 2(3): 257-259.

Hesse M B. 1960. The scientific personality of Galileo. The British Journal for the Philosophy of Science, 11(41): 1-10.

Holton G. 1969. Einstein and the "crucial" experiment. American Journal of Physics, (37): 968-982.

Holton G. 1969. Einstein, Michelson and the "crucial" experiment. Isis, 60(2): 133-197.

Husserl E. 1977. Logical Investigations. Oxford: Blackwell.

Jardine N. 1998. The places of astronomy in early-modern culture. Journal for the History of Astronomy, 29(1): 49-62.

Jardine N. 2000. Koyré's Kepler/Kepler' Koyré. History of Science, 38(4): 363-376.

Jorland G. 1981. La science dans la philosophie: les recherches épistémologiques d' Alexandre Koyré. Paris: Éditions Gallimard.

Koestler A. 1957. Drinkers of infinity. Encounter，9(5): 76-78.

Koyré A, Redondi P. 1986. De la mystique a la science: cours, conférences et documents 1922-1962. Paris: L' Ecole des hautes etudes en sciences socials.

Koyré A. 1931. Die philosophie Émile Meyersons. Deutsch-Französische Rundschau, (3): 197-217.

Koyré A. 1943. Galileo and Plato. Journal of the History of Ideas, 4(4): 400-428.

Koyré A. 1943. Traduttore-traditore. Isis, 34(95): 209-210.

Koyré A. 1950. The naming of telescope by Edward Rosen. Isis, 41(124): 219-220.

Koyré A. 1952. An unpublished letter of Robert Hooke to Isaac Newton. Isis, 43(134): 312-337.

Koyré A. 1956. Les origines de la science moderne. Diogène, (16): 14-42.

Koyré A. 1966. Etudes d' Histoire de la Pensee Scientifique. Paris: Presses Universitaires de France.

Koyré A. 1966. Études Galiléennes. Paris: Hermann.

Koyré A. 1968. From the Closed World to the Infinite Universe. Baltimore:The Johns Hopkins University Press.

Koyré A. 1968. Metaphysics and Measurement: Essays in Scientific Revolution. London: Chapman & Hall.

Koyré A. 1968. Newtonian Studies. Chicago: University of Chicago Press.

Koyré A. 1973. The Astronomical Revolutions: Copernicus-Kepler-Borell. Maddison R E W（trans.） New York: Cornell University Press.

Koyré A.1964 L' aventure de l' esprit. Paris: Hermann.

Koyré A.1964 L' aventure de la science. Paris: Hermann.

KoyréA. 1944. Spiritus et littera. Isis, 35(99): 31.

Kragh H. 1990. An Introduction to the Historiography of Science. Cambridge: Cambridge University Press.

Kuhn T S. 1970. Alexandre Koyré and the history of science: on an intellectual revolution. Encounter, (1): 67-79.

Kuhn T. 2000. The Road Since Structure. Chicago: The University of Chicago Press.

Laudan L. 1981. A confutation of convergent realism. Philosophy of Science, 48(1): 19-49.

Maclachlan J. 1998. Experimenting in history of science. Isis, 89 (1): 90-92.

Murdoch J E. 1987. Alexandre Koyré and the history of science in America: some doctrinal and personal reflections. History and Technology, (4): 71-79.

Ono Y A. 1982. How I created the theory of relativity. Physics Today, (8): 45-47.

Porter R. 1986. Revolution in History. Cambridge: Cambridge University Press.

Rosen E. 1974. Koyré in translation. Journal for the History of Astronomy, 5(3): 201-203.

Rosenberg C. 1988. Woods or trees? Ideas and actors in the history of science. Isis, 79(4): 565-570.

Russo F. 1965. A. Koyré et l' histoire de la pensée scientifque. Archive de Philosophie, 28(3): 337-361.

Sachs M. 1976. Maimonides, Spinoza and the field concept in physics. Journal of the History of Ideas, 37(1): 125-131.

Sailor D C. 1964. Moses and atomism. Journal of the History of Ideas, 25(1): 3-16.

Santillana G de. 1942. New Galilean studies. Isis, 33(6): 654-656.

Sarton G. 1927. An Introduction to the History of Science. Batimore: Williams and Wilkinscompany.

Schuhmann K. 1987. Koyré et les phénoménologues allemands. History and Technology, 4(4): 149-167.

Settle T. 1961. An experiment in the history of science. Science, 133(3445): 19-23.

Shapere D. 1960. Mathematical ideals and metaphysical concepts. The Philosophical Review, 69(3): 376-385.

Shapere D. 1963. Descartes and Plato. Journal of the History of Ideas, 24(4): 572-576.

Shapin S. 1974. The audience for science in eighteenth century Edinburgh. History of Science, 12(2): 95-121.

Shapin S. 1975. Phrenological knowledge and the social structure of early nineteenth-century Edinburgh. Annals of Science, 32(3): 219-243.

Shapin S. 1982. History of science and its sociological reconstruction. History of Science, 20(3): 157-211.

Skinner Q. 1969. Meaning and understanding in the history of ideas. History and Technology, 8(1): 3-53.

Stoffel J F. 2000. Bibliographie d'Alexandre Koyrè.Firenze: L. S. Olschki.

Taton R. 1965. Alexandre Koyré historien de la "révolution astronomique". Revue d'histoiredes Sciences et de leurs applications, 18(2): 147-154.

Taton R. 1967. A. Koyré historien de la pensée scientific. Revue de synthèse, 88: 5-20.

Thackray A. 1966. The origin of Dalton's chemical atomic theory: Daltonian doubts resolved. Isis, 57(1): 35-55.

Toulmin S. 1959. Criticism in the history of science: Newton on absolute space, time and motion Ⅰ. The Philosophical Review, 68(1): 1-29.

Vignaux P. 1965. De la théologie scolastique à la science modern et de leurs applications. Revue d'histoire des Sciences, 18(2): 141-146.

Wahl J. 1965. Le role de A. Koyré dans le développement des etudes hégéliennes en France. Archives de Philosophie, 28 (3): 323-336.

Westfall R S. 1976. The changing world of the Newtonian industry. Journal of the History of Ideas, 37(1): 175-184.

Westman R S. 1980. The astronomer's role in the sixteenth century: a preliminary study. History of Science, 18(2): 105-147.

Whewell W. 1851. On the transformation of hypothesis in the history of science. Transactions of the Cambridge Philosophical Society, 9: 139-147.

Wiener P P. 1943. A critical note on Koyré's version of Galileo. Isis, 34(4): 301-302.

Williams L P. 1975. Should philosophers be allowed to write history? The British Journal for the Philosophy of Science, 26(3): 241-253.

Zambelli P. 1995. Alexandre Koyré versus Lucien Lévy-Bruhl: from collective representations to paradigms of scientific thought. Science in Context, 8(3): 531-555.

附 录

附录的内容包括以下两个部分：

附录一是柯瓦雷的大事年表，展现了柯瓦雷复杂而深刻思想的形成与发展过程。

附录二是国内翻译柯瓦雷的代表性论著，是当前国内科学史研究的前辈们引进的科学史经典著作系列之一，其中，翻译的柯瓦雷著作是柯瓦雷科学编史学思想的集中体现。

附录一　柯瓦雷的大事年表

1892 年　出生于苏联乌克兰西南部港口城市塔甘罗格的亚苏河畔。

1910 年　柯瓦雷与莱纳赫、舍勒和胡塞尔的两位门徒共同组成"哲学协会核心成员"。

1908～1914 年　哥廷根学习（胡塞尔、希尔伯特）。

1912～1913 年　巴黎学习，在法国大学追随柏格森学习哲学。

1914～1918 年　以自愿军的身份参加第一次世界大战，加入法国军队。

1917 年　加入沙皇军队，参加苏维埃革命。

1920 年　回到巴黎，准备他的第一篇论文。

1923 年　获巴黎大学博士学位，论文题目《圣安瑟伦哲学中的上帝思想》。

1924 年　到蒙彼利埃大学任教，兼任巴黎高等研究实践学院的主任。

1925 年　获法国科学院道德与政治学院的 Dissez de Penanrum 奖。

1926 年　1926 年和 1929 年两次获得科学哲学方面的 Gegner 奖。

1929 年　获文学博士学位，论文题目《玻姆哲学研究》。

1933 年　1933～1934 年、1936～1937 年、1937～1938 年在开罗大学执教。

1934 年　翻译尼古拉斯·哥白尼的《天文学革命》。

1939 年 《伽利略研究》的英文版面世。此书是柯瓦雷科学思想史的奠基之作，界定了新旧世界观的结构模式，确定了 17 世纪科学革命所带来的世界观的变革。书中主要运用的概念分析法更是为科学史研究提供了一种重要的思想方法，在对剖析科学思想的来源与本质方面发挥了重要的作用。此书的写作与出版虽然历经磨难，在科学史上却具有里程碑的重要意义。此书无论对于科学史研究理论还是方法，都具有重要的指导作用。

1941 年　在纽约的社会研究新学校任职。

1945 年　柏拉图著作导读。

1946 年　到普林斯顿高等研究院任职。

1950 年　从事俄国哲学思想史研究。

1951 年　获法国科学院的 Binoux 奖。

1955 年　出版《16 世纪德国神秘主义、灵魂与炼金术》。

1955 年　被选举为国际科学史协会的常任秘书及国际哲学研究所的总秘书。

1957 年 《从封闭世界到无限宇宙》是《伽利略研究》一书的续篇，后者是 17 世纪伟大科学革命的前奏，而前者则研究了这场革命本身的历史问题，那些革命领袖们所关心的重要问题，即科学、哲学甚至神学都有权关注的空间的本性、物质的结构和物理变化的模式，以及人类思维和人类科学的本质、结构和价值问题等诸多问题。

1961 年 《天文学革命》法语版面世，由柯瓦雷亲自写书评并发表于 1962 年。

1961 年　获得科学史界最高奖项——萨顿奖。

1962 年 《从封闭世界到无限宇宙》法语版面世。

1963 年　柯瓦雷接任科学史法国组主席。

1964 年　4 月 29 日在巴黎因白血病逝世。

1965 年　由科恩完成了柯瓦雷未竟的工作，并将《牛顿研究》出版。此书用概念分析法研究了科学思想与同时代主流哲学思想的关系，论证了科学思想受经验控制，以表明牛顿科学思想的形成与发展过程。它指出了近代思想的悲剧所在，即"解决了宇宙之谜"，却代之以另一个谜：谜本身之谜。

附录二　国内翻译柯瓦雷的代表性论著

（1）《伽利略研究》是国内最早翻译的柯瓦雷的著作，是江西教育出版社出版的"三思文库"系列之一。"三思文库"的核心目标在于弘扬科学精神，宣扬科学文化。鉴于国内科学史方面被译介的著作寥寥无几，为弥补国内科学史研究的巨大空缺，就有了科学史经典系列的出版，《伽利略研究》便是其中之一。全书第一部分由张昌芳翻译，第二部分由李萍萍翻译，第三部分由李艳平翻译，均在刘兵先生提供的 John Mepham 的英译本基础上翻译而成，由刘兵先生作序，于2002年由江西教育出版社出版。

（2）《从封闭世界到无限宇宙》是"北京大学科技哲学丛书"系列之一。这一系列鉴于当前科学哲学领域边缘化倾向，为将"科技哲学"作为哲学学科建设起来，将自然哲学、科学哲学、技术哲学和科学思想史四个子学科作为对科学技术进行哲学反思的核心和基础学科，而引进基本文献与编写教材是其中重要的环节。该书是柯瓦雷根据他于1953年12月15日在约翰·霍普金斯大学医学史学院的野口英世讲席上以"从封闭世界到无限宇宙"为题的演讲稿为基础扩充而成的。该书的汉译本由吴国盛先生作序，由邬波涛、张华翻译，于2003年由北京大学出版社出版。

（3）《牛顿研究》也是"北京大学科技哲学丛书"系列之一。该书收录的文章基本上都被发表过，《牛顿与笛卡儿》一文除外，这篇文章以他在哈佛大学第三届霍布利特科学史会议上所作的演讲为基础创作而成。柯瓦雷仔细审阅了每一章节，并在修改了《牛顿与笛卡儿》的法文翻译基础上进行了扩充。很遗憾，柯瓦雷未能看到其出版。之后，该书由另一位合作者科恩出版。其汉译本由张卜天翻译，于2003年由北京大学出版社出版。

（4）柯瓦雷的论文《我的研究方向与规划》由孙永平翻译，于1991年发表在《自然辩证法研究》上。柯瓦雷认为，18～19世纪的哲学体系的结构的新认识，都相对于科学知识而得以规定自身，或是为了综合科学知识，或是为了超越科学知识。这些研究使我们能更好地理解当代的科学革命。

（5）柯瓦雷的论文《伽利略与柏拉图》由郝刘祥翻译。柯瓦雷认为，伽利略是一位柏拉图主义者，而不仅是柏拉图知识论的追随者。柯瓦雷还通过柏拉图的认识论，证明了柏拉图主义的真理性。伽利略所引导的16世纪的科学革命，隐含着一项根本的思想转变，其表征就是现代物理学的应运而生。